Kohlebürsten

zugleich
eine Darstellung des veränderlichen
Verhaltens der Stromwendung bei
Gleichstrommaschinen

von

Dr. J. Neukirchen, Bonn

Wissenschaftlicher Leiter der Ringsdorff-Werke A.-G.
Mehlem a. Rh.

Mit 35 Abbildungen und 12 Tafeln

München und Berlin 1934
Verlag von R. Oldenbourg

Druck von R. Oldenbourg, München

Vorwort.

Der Verfasser dieser Arbeit hatte Gelegenheit, das Verhalten von Bürsten auf großen, mittleren und kleinen Gleichstrommaschinen lange Zeiträume hindurch zu beobachten. Diese eigenen Beobachtungen sowie die Beobachtungen anderer ließen nun erkennen, daß Funkenbildung an den Bürsten mehr oder weniger plötzlich durch Veränderung der atmosphärischen Bedingungen auftreten oder sich vermehren konnte.

Die vorliegende Arbeit versucht nun diese an sich schon in der Literatur erwähnte Erscheinung, sowie überhaupt die Tatsache der zeitlichen Veränderung der Stromwendung zu erklären. Die Erklärung lautet:

Die Stromübertragung und Stromwendung nutzen im allgemeinen nicht die ganze zur Verfügung stehende Bürstenlauffläche aus, sondern vollziehen sich in einem zumindest in tangentialer Richtung relativ kleinen Flächenteil. Fällt dieser Flächenteil einmal auf die Berandung der Gleitfläche der Bürste, dann tritt leicht durch Kontaktlockerung oder Kontaktunterbrechung außen sichtbare Funkenbildung ein. Dieser Flächenteil, in dem Stromübertragung und Stromwendung zusammengedrängt stattfinden, kann nun auf zweierlei Art auf die Bürstenkanten fallen. Wird die Glätte der Gleitflächen zerstört, dann macht die durch Reibschwingungen sich bewegende Bürste gelegentlich nur mit den Kanten Kontakt. Entwickelt sich aber eine zusammenhängende glatte Politurschicht, etwa eine Oxydschicht, dann setzen Stromübertragung und Stromwendung infolge der Kontakthemmung verspätet ein und erreichen hin und wieder die ablaufende Bürstenkante. Unter Kontakthemmung wird der Umstand verstanden, daß ein nennenswerter Strom infolge des hohen Widerstandes der Kontaktfläche erst bei höheren Spannungen fließen kann. Diese höheren Spannungen können nur dadurch entstehen, daß der Strom zu spät gewendet wird. Zerstörung und Entwicklung der Politurschichten sind aber zeitliche Veränderungen, die sehr stark von den wechselnden physikalischen und chemischen Eigenschaften der Atmosphäre beeinflußt werden.

Die Arbeit gliedert sich in drei Teile. In Teil I »Der Stoffwechsel in den Kontaktflächen« werden die Vorgänge der Entstehung und Zerstörung der Politurschichten behandelt, sowie die sich aus dem Politurzustand der Kommutatorfläche ergebende ungleiche Stromverteilung in der Parallelschaltung. Der Teil II »Die Bewegungen der Bürste« enthält die Beschreibung aller Bewegungen, die die Bürste ausführt, insbesondere die durch die zerstörte Politurschicht erregten Reibschwingungen. Der Teil III »Stromwendung und Funkenbildung« erklärt die außen sichtbare Funkenbildung durch Kontaktlockerung und Kontakttrennung an den Bürstenrändern. Stromübertragung und Stromwendung gelangen an die Bürstenränder, elektrisch durch kontakthemmende Politurschichten, mechanisch durch Kippbewegungen der Bürste.

Die der Arbeit zugrunde liegende Fragestellung, inwiefern Funkenbildung an den Bürsten auf atmosphärische Einflüsse zurückzuführen ist, ist wohl eine der delikatesten Fragen, die man auf dem Gebiete der Stromwendung und Bürsten stellen kann. Das macht verständlich, daß fast alle an Bürsten beobachteten Eigentümlichkeiten zur Erklärung hinzugezogen worden sind. Allerdings sind auch manche Erscheinungen beschrieben worden, die nicht unbedingt zum Thema gehören, die sich aber sehr schön aus den hier vorgetragenen zum Teil neuartigen Ideen erklären lassen. So bilden einzelne Abschnitte in sich geschlossene Aufsätze, die nur in einem losen Zusammenhang mit dem Ganzen stehen.

Die Bürstenqualität selbst spielt bei den Vorgängen in den Gleitflächen eine bedeutende Rolle. Um die Unterschiede verständlich zu machen, mußten drei fiktive Bürstenmarken A, B und C eingeführt werden, die an sich Extreme darstellen, die also in der Praxis kaum rein vorkommen. Erst die Einführung dieser drei Marken gestattet die vielen widersprechenden Beobachtungen in der Praxis auf einen Generalnenner zu bringen.

Die Arbeit bringt keine Lösung, die etwa die zeitliche Veränderung der Stromwendung für immer vermeidet, sie bringt nur eine Diagnose. Eine richtige Diagnose kann aber, gerade auf dem Gebiete der Stromwendung und Bürsten, wo man an so vielen Stellen experimentieren kann, sehr wertvoll sein. Die Diagnose sagt, daß zuerst das Bürstenmaterial und dann in weitem Abstande davon, alle anderen Teile maßgebend für eine zeitliche Verschlechterung der Stromwendung sind. Und mehr noch. Die vollständige Diagnose im einzelnen Falle sagt: Das ist ein Fall, der typisch für A oder B oder C ist. Man muß ein Material nehmen, das mehr der C oder der B oder der A entspricht. Das ist mehr als das witzige Rezept eines von der Praxis offenbar oft geschlagenen Mannes, der zu sagen pflegte: In Bürstendingen gibt es nur eine nie versagende Regel »Wechsele die Bürsten«.

Ob es überhaupt möglich ist, eine Bürstenmarke zu erzeugen, die unter allen praktisch vorkommenden Bedingungen genügende zeitliche Konstanz der Gleitflächen aufweist, bleibe zunächst dahingestellt. Es sei der »schwarzen Kunst« überlassen, ob sie die hier gestellte Diagnose jemals in einer Rezeptur übersetzen kann.

Von der mathematischen Behandlung der Stromwendung konnte kein Gebrauch gemacht werden. Der einfache Ansatz der klassischen

Theorie, daß nämlich alle Punkte der Bürstenfläche gleichwertigen Kontakt machen, mußte fallen. Nicht einmal die zeitliche Kontinuität der Berührung konnte vorausgesetzt werden. An die Stelle des klassischen Kontinuums tritt eine Fülle von Diskontinuitäten, die zwar in einzelnen Fällen gemessen, niemals aber mathematisch voraus berechnet werden könnten. Arnold selbst hat schon wiederholt auf Grund seiner oszillographischen Messungen auf diese Tatsache hingewiesen und resigniert erklärt, daß, je länger man sich mit dem Problem der Kommutierung befasse, um so mehr eine rechnungsmäßige Verfolgung der Vorgänge ausgeschlossen erscheine.

Die klassische Hypothese der Kontinuität und die hier vorgetragene der Diskontinuität sind die beiden Grenzen, innerhalb deren die Wirklichkeit bald näher der einen und bald näher der anderen liegt. So konnte Czeija (K. Czeija, »Die experimentelle Untersuchung der Kommutationsvorgänge in Gleichstrommaschinen«, Stuttgart 1903) an einer Maschine, die mit elastischen Kupfergewebebürsten bestückt war, mittels der Hypothese der Kontinuität, die theoretische Ableitung der Kurzschluß-Stromkurve aus der Bürstenpotentialkurve befriedigend experimentell bestätigen. Als er aber Kohlebürsten der gleichen Untersuchung unterzog, hörte die Übereinstimmung auf, selbst wenn die Bürsten wochenlang eingeschliffen wurden und der Kommutator aufs sorgfältigste behandelt wurde. Czeija zieht selbst den Schluß, daß die Auflage der starren Kohlebürste zu unruhig war.

Die ruhige vollflächige, überall gleichwertige Berührung auf reinen Oberflächen ist ein extremes Ideal, die unruhige eingeschränkte Berührung auf unreinen Oberflächen ist die mehr oder weniger kränkelnde Wirklichkeit.

Ich danke an dieser Stelle meinem Kollegen, Herrn Dr. Fritz Schröter, Godesberg, für viele Anregungen zur Verbesserung des Inhaltes sowie der stilistischen Fassung dieser Arbeit.

Ferner danke ich meinem Kollegen Herrn Dr. Franz Nierhoff, Honnef, für freundliche Unterstützung beim Lesen der Korrektur.

Inhaltsverzeichnis.

Teil I: Der Stoffwechsel in den Kontaktflächen.

Übersicht über Teil I.

Dem Teil I sowie der ganzen Arbeit liegt die Voraussetzung zugrunde, daß die wirkliche Hertzsche Berührungsfläche sehr viel kleiner ist als die Bürstenlauffläche. Diese Voraussetzung wird durch den Hinweis wahrscheinlich gemacht, daß die Krümmung der Bürstenfläche infolge der unvermeidlichen Bewegungen der Bürste flacher sei als die Krümmung des Kommutators. Bei der Kontakttrennung und Kontaktlockerung durch die Bewegungen der Bürste entstehen Lichtbogen und der noch zu definierende Abhebebogen. Ferner tritt durch den Stromdurchgang durch die auf allen Körpern vorhandene Feuchtigkeitshaut eine elektrolytische Zersetzung von Kohlebürste und Kommutator auf. Mechanischer Abrieb, Lichtbogen, Abhebebogen und Elektrolyse der Feuchtigkeitshaut bestimmen die chemische und physikalische Beschaffenheit der Politurschichten. Besonders wichtig ist die Übertragung von Graphit und Kohlenstoff auf die Kommutatorfläche, insofern dadurch die kontakthemmenden Fremdschichten nicht nur nicht angegriffen, sondern sogar geschützt werden. Der mechanische und elektrische Stoffwechsel in den Kontaktflächen ruft eigenartige Abnutzungserscheinungen auf Kommutator und Bürsten hervor. Besondere Stoffwechselerscheinungen treten bei Anwesenheit von chemischen Gasen auf. Entwickeln sich kontakthemmende Fremdschichten, dann zeigt sich in der Parallelschaltung ungleichmäßige Stromverteilung.

Zusammenfassung. Der Teil I behandelt alle diejenigen Vorgänge, die entweder zur Entwicklung von glatten kontakthemmenden Politurschichten oder aber zu deren Umwandlung zu rauhen reibungsstörenden Oberflächen führen. Alle diese Vorgänge werden von den wechselnden chemischen und physikalischen Zuständen der Atmosphäre beeinflußt.

1. Scheinbare und wirkliche Kontaktfläche.

Der äußerliche Befund der gleichmäßig glatten Bürstenfläche sowie der Anblick des unter ruhig stehenden Bürsten gleitenden Kommutators verführen zu der Vorstellung, daß die Krümmung der Bürsten- und Kommutatorfläche gleich sei, daß also überall unter der Bürsten-

fläche Berührung stattfinde. Doch erweist sich diese Vorstellung als unbrauchbar, wie folgender Versuch zeigt. Der Amerikaner W. E. Stine
(Brush Friction greatly affected by contact air pressure, Electrical World,
July 10, 1926, Vol. 88, Nr. 2, page 67) wies nach, daß der Luftdruck
unter der Bürstenfläche in einigen Fällen größer, in anderen niedriger
war als der äußere Luftdruck. Die Messung wurde mit einem U-Rohr
gemacht, das, mit gefärbtem Wasser gefüllt, an einem Ende durch einen
Gummischlauch mit der Bohrung einer Bürste luftdicht in Verbindung
stand. Die Bohrung reichte bis zur Lauffläche der Bürste. Es ergab sich
beispielsweise in einem Falle ein Vakuum, das pro Quadratzentimeter
Bürstenfläche einen zusätzlichen Druck von etwa 50 g erzeugte. Stine
kommt zu der Überlegung, daß Unterdruck unter der Bürste herrscht,
wenn die Bürste in der Nähe der auf-
laufenden Bürstenkante den Schleifring
berührt, daß Überdruck entsteht, wenn
die Bürste in der Nähe der ablaufenden
Kante aufliegt (s. Abb. 1).

Unterdruck   Überdruck

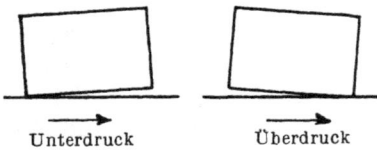

Abb. 1. Abfluß und Zufluß der Luft von
und zum Keilraum unter der Bürstenfläche.

Ferner zeigen Bürsten, die auf
ebenen Scheibenkollektoren gearbeitet
haben, eine schwach konvexe Krüm-
mung der Lauffläche, wenn man den Lichtspalt beobachtet, der sich
beim Auflegen eines Haarlineals in tangentialer Richtung über die Lauffläche ergibt.

Die mangelhafte Übereinstimmung der Flächengestalt von Bürste
und Kommutator sowohl tangential wie axial hat folgende Gründe:

1. Die Exzentrizität des Kommutators,
2. schiefe Stellung der Kommutatorachse zur Drehachse,
3. lokale Abweichungen der Kommutatoroberfläche von der idealen
   Zylinderfläche,
4. Änderungen des Kommutatordurchmessers entsprechend verschiedenen Temperaturen,
5. Bewegungen der Bürstenachse infolge Verlagerung des Bürstenkörpers in der losen und ungenauen Führung, oder infolge Erschütterungen oder anderer Störungen der Lage.

Die Unterschiede der Flächengestalt der beiden Schleifkörper
können nun durch die elastische Deformation der beiden Körper ausge-
glichen werden, so lange sie gering sind. Um eine rechnerische Ab-
schätzung zu ermöglichen, kann man die Annahme machen, daß ein
Vollzylinder (Kommutator) einen Hohlzylinder (Bürste) von innen, entlang einer Mantellinie, berührt. Es gilt dann die Hertzsche Formel:

$$\left(\frac{b}{4}\right)^2 = 0{,}29 \frac{P}{l} \cdot \frac{\alpha_1 + \alpha_2}{\dfrac{1}{r_1} - \dfrac{1}{r_2}}.$$

Hierin bedeuten:

b in cm die Breite der rechteckigen Druckfläche,
l » » » Länge der rechteckigen Druckfläche,
r_1 » » » den Radius des Kommutators,
r_2 » » » » der Bürstenfläche,
P in kg den Bürstendruck,
α_1 » cm²/kg die Dehnungszahl von Kupfer,
α_2 » » » » » Bürstenmaterial.

Eine einfache Umformung, wobei das Produkt $r_1 \cdot r_2 = r_1{}^2$ gesetzt wird, da r_1 und r_2 nicht sehr voneinander verschieden sind, liefert den Ausdruck

$$b = c \cdot r_1 \sqrt{\frac{P(\alpha_1 + \alpha_2)}{l(r_2 - r_1)}}.$$

c bedeutet eine Zahlenkonstante.

Die Breite der rechteckigen Druckfläche ist also dem Radius des Kommutators direkt, der Wurzel aus dem Bürstendruck direkt und der Wurzel aus der Differenz der Radien umgekehrt proportional.

Setzt man die Dehnungszahlen für Kupfer und Kohle ein, und zwar entsprechend den Elastizitätsmodulen 1 300 000 kg/cm² für Kupfer und 100 000 kg/cm² als mittlerem Wert für Kohle, ferner für $r_1 = 25$ cm, für $l = 3$ cm und für $P = 1$ kg entsprechend einer Bürste 3×2 cm mit ca. 167 g/cm² Auflagedruck, so erhält man für verschiedene r_2 folgende Werte für b:

r_1 cm	r_2 cm	b cm
25	26	0,10
25	25,1	0,31
25	25,01	1,00
25	25,0025	2,00

Die Tabelle zeigt, daß unter den genannten Verhältnissen eine völlige Berührung der beiden Flächen nur dann eintritt, wenn die Differenz der Radien gleich oder kleiner ist als 0,0025 cm. Schleift also beispielsweise der exzentrische Kommutator die Bürstenfläche nur soviel weiter aus, daß die druckentlastete Bürstenfläche einen um 0,0025 cm größeren Radius hat, dann bleibt die Berührung in axialer Richtung erhalten.

Normalerweise sind die Exzentrizitäten größer, sodaß die völlige Berührung in Frage gestellt ist. Schlimmer noch sind die unter 3. genannten Unebenheiten der Kommutatoroberfläche. Messungen der Vertiefungen von Bearbeitungsspuren auf Werkstücken ergaben, daß beim Schleifen von weichem SM-Stahl mit weicher Scheibe ganz kurz nebeneinander Höhenunterschiede von 0,0015 cm bis 0,0020 cm vorkommen. Derartige Diskontinuitäten der Kommutatoroberfläche, die bei dem relativ weichen Kommutatorkupfer noch größer sind, können nicht mehr durch elastische Deformation ausgefüllt werden, wie der Vergleich der Zahlen ohne weiteres lehrt.

Von ganz anderer Größenordnung sind die Abweichungen der Krümmungen beider Flächen, die durch die unter 5. genannten Bewegungen der Bürstenachse entstehen. Selbst wenn der Kommutator genau zentrisch liefe und vollkommene Zylindergestalt hätte, würde die Bürste nicht auf den gleichen Radius ausgeschliffen, da die Führung der Bürste nicht starr genug ist, um die hier geforderte ultraoptische Passung der beiden Schleifflächen zu erzielen.

Die Bürsten zeigen stets Druckspuren auf den Seitenflächen, die durch ihre Ausdehnung und ihren Glanz die Bewegungen des Bürstenkörpers verraten. Die unvermeidlichen Werkstattfehler zeigen sich als Wölbungen auf den Führungsflächen der Bürsten oder mehr noch auf denen der Halterkästen. Der federnde Druckfinger hält die Bürste im Berührungspunkt nur schlecht fest, so daß eine lockere Führung resultiert. Abb. 2 verdeutlicht das Gesagte an einem Radial- und einem Reaktionshalter. Fallen gelegentlich Staubkörner zwischen die Druckstellen, so wird die Bürstenfläche gezwungen, sich ebenfalls auf die neue Stellung einzuschleifen.

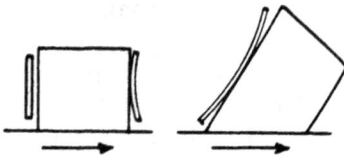

Abb. 2. Halterkästen mit gewölbten Führungsflächen.

Wölbungen auf den Führungsflächen können auch Drehbewegungen um die Bürstenachse verursachen. In Abb. 3 ist eine Bürste im Radialhalter, von oben gesehen, dargestellt.

Der Kommutator dreht sich in Richtung des Pfeiles. Faßt die Reibung die Bürste an der Ecke A, dann dreht sich die Bürste um die Auflage B. Das gleiche gilt für Ecke C.

Aber auch die Anlage an scharfen Kanten in der gesamten axialen Breite der Bürste ist keineswegs starr (s. Abb. 4).

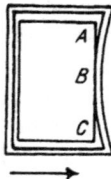

Abb. 3. Halterkasten mit gewölbter Führungsfläche.

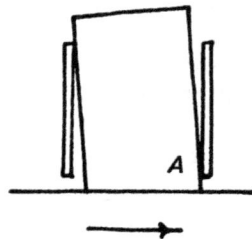

Abb. 4. Radialhalter mit gekippter Bürste.

Die Reibung preßt die Bürste in Linie A an die Halterkastenkante. Es entsteht eine elastische Deformation vorwiegend im Bürstenmaterial. Wie später genauer gezeigt werden wird, ist die Reibung aber selbst nicht konstant. Sie wechselt dem Betrage nach in ganz kurzen Zeitabständen, je nach der Beschaffenheit der Gleitflächen. Läßt nun die Reibung in einem Moment plötzlich nach, nachdem sie gerade vorher sehr stark war, so wird der Bürstenkörper durch elastische Entspannung gegen die Drehrichtung zurückgeschleudert. Entsprechend schleißt sich also langsam auch die Bürstenkrümmung aus.

Im gleichen Sinne, gewöhnlich aber noch viel stärker, als die innere elastische Deformation des Bürstenmaterials, wirkt die elastische Verbiegung des ganzen Bürstenhalters, einschließlich des Trägers des Bürstenhalters. Selbst an ganz schweren Konstruktionen konnten mit Fingerdruck Verschiebungen der Bürstenkanten auf dem Kommutator sichtbar gemacht werden. An einzelnen großen Gleichstrommaschinen konnten mit 1 kg Zug Verschiebungen von 0,01 bis 0,03 mm gemessen werden. Sowohl der unregelmäßige Reibungszug, als auch Vibrationen der ganzen Maschine erregen die Bürstenhalter einschließlich der Träger zu Schwingungen, die die am Ende lose sitzende Bürste hin und her schleudern.

Immer wieder gerät so die Bürstenachse in eine neue Lage, immer wieder setzt die Schleifwirkung des Kommutators an der einen Stelle aus, an der anderen Stelle ein. Aus einer Hemmung an den Seitenflächen und am Druckfinger wird die Bürste herausgerüttelt, um in eine neue Hemmung hineinzufallen. Die mangelhafte Führung zeitigt also eine Schleiffläche der Bürste, die in axialer wie in tangentialer Richtung erheblich von der Zylindergestalt des Kommutators abweicht. Es entsteht im allgemeinen auf der Bürste eine Sattelfläche. Es ist sogar vorgekommen, daß bei sehr unruhigem Lauf die Bürstenflächen sichtbar konvex geschliffen waren.

Man wird annehmen können, daß die Bürstenachse Schwankungen erleidet, die an den Endpunkten etwa die Größenordnung von hundertstel Millimetern erreichen. Dementsprechend sind dann auch die Abstände der Gleitflächen bei zentrischer Berührung und vom Druck entlastet an den Rändern der Bürste von der gleichen Größenordnung anzunehmen. Im folgenden soll nun errechnet werden, wie groß der Radius der Bürstenkrümmung sein muß, um unter der verein- fachenden Voraussetzung, daß die Bürsten- fläche zylindrisch ist, an der auflaufenden und ablaufenden Kante einen Abstand von etwa 0,01 mm zu haben. Aus Abb. 5 ist zu ersehen, wie der Abstand zwischen Kommutator und Bürstenkanten sich als die Differenz der Pfeil- höhen $p_1 - p_2$ der zugehörigen Bogenabschnitte ergibt.

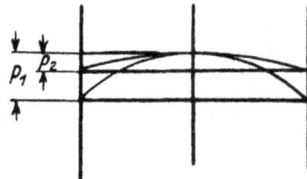

Abb. 5. Unterschied der Krümmungen von Bürstenfläche und Kommutatorfläche.

Die Pfeilhöhen wurden nun für eine tangentiale Bürstendicke von $d = 2$ cm für verschiedene Radien errechnet. Die Werte sind in folgender Tabelle zusammengestellt:

r cm	p cm
25	0,0200
26	0,0192
27	0,0185
28	0,0178

Der Voraussetzung von 0,01 mm als $p_1 - p_2$ entsprechen die beiden Radien 25 und 26 in etwa. Das frühere Beispiel eines Kommutators mit 25 cm Radius kann nun weiter vervollständigt werden. Ein Vollzylinder aus Kupfer von 25 cm Radius berührt einen Hohlzylinder aus Kohle von 26 cm Radius unter 1 kg Druck mit einem Streifen von nur 0,1 cm Breite. Die Bürste berührt also unter den obigen Annahmen mit nur $^1/_{20}$ ihrer tangentialen Ausdehnung. Diese aktive Bürstenzone wird noch schmaler, wenn man noch größere Radien für die Bürstenkrümmung nimmt. Doch genügt das angeführte Zahlenbeispiel wohl den normalen Bedingungen.

Da es sich nun aber in Wirklichkeit bei der Bürste um eine Sattelfläche handelt, ist die aktive Bürstenfläche nicht ein rechteckiger Streifen, sondern etwa elliptisch gestaltet. Die lange Achse der Ellipse liegt etwa axial gerichtet, da in Achsenrichtung die Krümmungsunterschiede von Bürste und Kommutator geringer sind. Ferner ist es möglich, daß in einzelnen Zeitmomenten zwei oder mehrere Berührungsflächen vorhanden sind, da die Kommutatoroberfläche lokale Unregelmäßigkeiten aufweisen kann.

Wir wollen nun im weiteren Verlauf die aktive Berührungsfläche die Hertzsche Fläche nennen. Die Hertzsche Fläche macht also nur einen kleinen Teil der zur Verfügung stehenden Bürstenfläche aus. So konnte Stine (W. E. Stine, »Brushes for Electric Motors and Generators«, Journal of the American Society of Naval Engineers, 1925, Vol. 37, page 312) den Nachweis erbringen, daß sich an der Spannungsabfallkurve nichts ändert, wenn man die Bürstenfläche durch Wegschneiden von Teilen bis auf ein Zehntel verringert, ohne den Gesamtdruck zu verändern. Es hat also demnach keinen Sinn, von einer Stromdichte unter den Bürsten zu sprechen, die man durch Division der Stromstärke pro Bürste durch die gesamte Bürstenlauffläche erhält. Die Stromdichte in der Hertzschen Fläche ist in Wirklichkeit sehr viel höher. Der allgemein üblichen Berechnungsart der spezifischen Strombelastung unter den Bürsten bleibt nur der Sinn, daß bei einer niedrigen spezifischen Belastung die Hertzsche Fläche sich an relativ großer Bürstenmasse

Geschlitzte Bürsten.

befindet, die durch ihre Wärmeleitung die Hertzsche Fläche vor Überhitzung schützt und umgekehrt, daß bei hoher spezifischer Belastung nur eine geringe schützende Wärmekapazität zur Verfügung steht.

Hin und wieder trifft man die Praxis, die Bürsten tief einzuschlitzen. Es ist nach dem Vorstehenden ohne weiteres klar, daß durch diese Teilung das elastische Verhalten der Bürste sich ändert. Die tief geschlitzte Bürste ist elastischer als die volle Bürste, der Kontakt mit dem Kommutator wird also verbessert ohne Steigerung des Auflagedruckes.

Die Hertzsche Fläche überträgt nun nicht in ihrer ganzen Ausdehnung den Strom. Es sind vielmehr nur ganz winzige Punkte innerhalb der Hertzschen Fläche, die den zur Stromleitung nötigen Kontakt mit dem Kommutatorkupfer haben. Bereits Binder (E. u. M. 1912, Heft 38, »Der Widerstand von Kontakten«) hat den Kontaktwiderstand als einen Siebwiderstand gedeutet, um den auffallend hohen Betrag der Übergangsspannung zu erklären. Der Strom tritt nur an einzelnen Punkten über und erleidet dort eine starke Einschnürung. Die Formel des Ausbreitungswiderstandes gestattet dann, die wirkliche Größe der Kontaktpunkte zu berechnen, wenn die gemessenen Übergangswiderstände zugrunde gelegt werden.

Später hat R. Holm (»Über Kontaktwiderstände besonders bei Kohlekontakten«, Zeitschrift für technische Physik 1922, Heft 9, 10 und 11) eingehender auf den Unterschied zwischen der makroskopischen Hertzschen Berührungsfläche und der in ihr befindlichen wirklichen Kontaktfläche hingewiesen. Die wirkliche Kontaktfläche besteht allgemein aus mehreren winzigen Flächen, die zusammen um Zehnerpotenzen kleiner sind als die Hertzsche Fläche. Diese Kontaktpunkte sind harte kristalline Vorsprünge, die die alle Körper bedeckende Wasserhaut, Rohmannhaut genannt, durchstoßen. Bei höherer Strombelastung weicht die Rohmannhaut durch Erhitzung von den Kontaktpunkten zurück.

Schröter (»Zur Physik des Schleifkontaktes«, Archiv für Elektrotechnik, XVIII, Band 1927) benutzt diese letzte Erklärung, um die auffallend starke Erniedrigung des Kontaktwiderstandes an Dynamobürsten bei steigender Strombelastung verständlich zu machen. Die Änderung des Kontaktwiderstandes ist stärker, als die Änderung des spezifischen Widerstandes des Kohlematerials erwarten läßt.

Die Hertzsche Deformation vollzieht sich nicht auf sauberen Flächen. Es ist bekannt, daß man mit dem Finger oder einem sauberen Lappen stets von der Kommutatorfläche mehr oder weniger große Staubmengen entfernen kann. Der Staub besteht vorwiegend aus mechanisch oder elektrisch aufgetragenem Kohlenstaub. Ferner ist abgeriebenes Kupferoxyd, Kupferoxydul und Kupferstaub vorhanden. In chemischen Fabriken, bei denen besondere Gase in die Maschinenräume kommen, entstehen dann dazu noch die entsprechenden Kupferverbindungen der

Gase. Ferner kann auch fremder Staub, etwa Straßenstaub oder Baustaub festhaftend auf die Kommutatorfläche aufgedrückt werden, wenn dieser Staub in dem flachen Keilraum unter der Bürstenfläche eingequetscht wird.

Ist der Druck niedrig, so bilden diese Teilchen entweder leitende Brücken oder aber isolierende Fremdkörper zwischen Kommutator und Bürste. Bei hoher Strombelastung des Bürstenexemplars tritt dann eine Explosion des leitenden Teilchens oder Lichtbogenentladung um das isolierende Teilchen herum ein. Das leitende Kohlenstoffteilchen explodiert, weil es plötzlich durch die extrem hohe Stromdichte hoch erhitzt wird. Es ist bekannt, daß besonders Kohlenstoff große Gasmengen adsorbiert, die bei plötzlicher Erhitzung den keramischen Kohlenstoffkörper sprengen. Es ist auch nicht ausgeschlossen, daß winzige Kohlenstoffmengen weit über den Siedepunkt erhitzt werden und so die Kohlenstoffpartikel von innen heraus sprengen.

An die Hertzsche Fläche grenzt ein flacher Keilraum zwischen Bürsten- und Kommutatorfläche. Eine gewisse Strecke weit sind die Distanzen so gering, daß die in dieser Zone auf dem Kollektor festhaftenden Staubpartikelchen noch in Berührung mit der Bürstenfläche stehen. Wir wollen diese Zone in Zukunft die Staubzone nennen. In Abb. 6 ist diese Zone mit *II* beziffert.

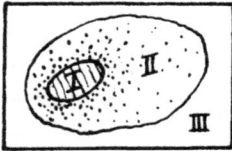

Abb. 6. Verschiedene Zonen in der Bürstenlauffläche.

I Hertzsche Zone,
II Staubzone,
III Überschlagszone.

Diese Zone leitet nur dann merkliche Strommengen, wenn die Spannung zwischen Bürsten- und Kommutatorfläche hoch genug ist, sofern es sich überhaupt um leitfähigen Staub handelt. Bekanntlich können nun gerade auf dem Kommutator sehr hohe Momentanwerte der Spannung zwischen Bürste- und Kommutatorfläche auftreten. So haben Punga und Schliephake Scheitelspannungen bis zu 20 Volt unter der Bürstenfläche gemessen (Zeitschrift E. u. M. 1927, Heft 11). Unter solchen Umständen wird also die Staubzone mit zur Stromleitung herangezogen. Je nach den Strommengen, die auf diese Weise übertreten, wird natürlich das Kohlenstoff- oder Kupferteilchen in Mitleidenschaft gezogen. Es können dann ähnliche Erscheinungen auftreten, wie sie eben für die Hertzsche Fläche geschildert wurden, wo durch entsprechende Belastung die leitenden Staubteilchen verpuffen. Besonders Kupferteilchen liefern dann als Kupferdampf Ionen, so daß ein Teil des gesamten Stroms durch Ionenleitung übertragen wird. Auf Schleifringen wird die Staubzone nur in einem geringen Betrage an der Stromleitung beteiligt sein, da die Spannungen zwischen den Kontaktflächen geringer sind.

An die Staubzone grenzt eine dritte Zone, in der die Abstände zwischen Bürstenfläche und Kommutatorfläche oder dem Staubbelag der Kommutatorfläche noch so gering sind, daß entweder infolge des freien Elektronenaustritts oder aber vielleicht nur durch voraufgehende Berührung der Strom durch Ionenleitung allein übertritt. Dieser dritte »Überschlagszone« zu nennende Flächenteil hat ebenfalls nur eine Bedeutung auf dem Kommutator, wo eben zum Überschlag oder zur Unterhaltung eines Lichtbogens ausreichende Spannungen zwischen Bürsten- und Kommutatorfläche auftreten.

Zusammenfassung. Zusammenfassend ist also folgendes zu sagen: Die wirkliche mechanische Berührungsfläche ist sehr viel kleiner als die scheinbare Bürstenlauffläche. Die wirkliche elektrische Kontaktfläche ist wiederum sehr viel kleiner als die Berührungsfläche. Auf einem staubbelegten Kommutator gibt es drei verschiedenartige Flächenteile:

1. Die Hertzsche Fläche,
2. die Staubzone und
3. die Überschlagszone.

In der ersten tritt der Strom über durch die direkte Berührung, Berührung über leitenden Staub und Lichtbogen infolge Trennung durch nichtleitende Staubteilchen oder relative Bewegung der Kontaktflächen gegeneinander. In der zweiten Zone tritt der Strom über durch leitenden Staub und Lichtbogen. In der dritten Zone gibt es nur Lichtbögen nach voraufgegangener Berührungszündung.

2. Lichtbogen und Abhebebogen.

In diesem Abschnitt wird der Stromübergang in der Überschlagszone und Staubzone näher beschrieben. Die Begriffe Überschlagszone und Staubzone behalten auch dann ihren Sinn, wenn durch radiale Bewegungen des Bürstenkörpers die Hertzsche Fläche verschwindet. Die Bürste bewegt sich radial zur Kommutatorfläche, und zwar um so mehr, um so weniger rund der Kommutator und um so höher die Umfangsgeschwindigkeit ist. In Teil II werden die Bewegungen der Bürste genauer beschrieben. Bei den Bewegungen kommt es entweder zur völligen Trennung der Kontaktflächen oder nur zu einer Lockerung des Kontaktes. In dem einen Falle gibt es nur eine Überschlagszone, in dem anderen nur Staubzone und Überschlagszone.

Zur Vereinfachung der Ausdrucksweise wird in der ganzen Arbeit die Bezeichnung Anoden und Kathoden für die mit Gleichstrom belasteten Bürsten verwendet. Die Bürste heißt Anode, wenn der Strom von der Bürste zum Kommutator, Kathode, wenn der Strom vom Kommutator zur Bürste gerichtet ist. Unter der anodischen Bürste ist der Kommutator kathodisch polarisiert und unter der kathodischen Bürste anodisch polarisiert.

Es werden nun zunächst die Vorgänge, die bei der Kontakttrennung auftreten, näher beschrieben. Der Kontakttrennung geht eine Kontaktlockerung voraus, derart, daß der Strom nur noch über winzige Flächenvorsprünge vermittelt wird. Die Flächenvorsprünge werden durch die starke Einschnürung des Stromübergangs geheizt. Bei der Trennung und nach der Trennung stehen sich also zwei größere, glühende Flächenteile gegenüber. Es ist bekannt, daß gasbeladene Körper in der Rotglut positiv geladene Atome des okkludierten Gases aussenden, und zwar um so mehr, je mehr Gas sie enthalten. Erst bei Weißglut treten in steigendem Maße die negativen Elektronen auf. Nun ist anzunehmen, daß die Kontaktpunkte der Bürste und des Kommutators infolge der Wärmeableitung gewöhnlich nur rotglühend werden. Sicher ist wohl anzunehmen, daß der weißglühende Flächenteil, falls es überhaupt zur Weißglut kommt, wesentlich kleiner ist als der rotglühende Teil. Bei der Rotglut treten außerdem positiv geladene Atome des Glühkörpers selbst aus, und zwar um so mehr, je leichter verdampfbar der betreffende Körper ist. So sendet Kupfer weit mehr Kupferionen aus, als Kohle Kohleionen. Der Siedepunkt von Kupfer liegt bei etwa 2400^0 C und der von Kohlenstoff bei etwa 4000^0 C. Die Umgebung der beiderseitigen Kontaktpunkte wird also positiv unipolar leitend. Je höher nun die an den beiden Elektroden liegende Spannung ist, um so stärker werden die positiven Ionen zur Kathode hin beschleunigt. Erreichen die positiven Ionen eine bestimmte Geschwindigkeit, so bringen sie durch den Aufprall die Kathode zur Elektronen-Emission. Die aus der Kathode austretenden Elektronen ionisieren die zwischen den Elektroden befindlichen Gase, sodaß also mittels der Elektronen weitere Ionen erzeugt werden, die ihrerseits wieder auf die Kathode aufprallen. Der Entladungsvorgang ist auf diese Weise selbständig geworden und wird allgemein als Lichtbogen bezeichnet. Ist dagegen die zwischen den Elektroden herrschende Spannung oder auch der zwischen den Elektroden befindliche Abstand nicht groß genug, so können die Ionen nicht die Geschwindigkeit erreichen, die sie besitzen müssen, um aus der Kathode Elektronen zu lösen. Da nun aber besonders bei hohen Stromstärken reichlich Ionen von den glühenden Elektroden ausgesendet werden, so werden merkliche Ströme von diesen Ionen übertragen. Diese unselbständige Entladungsform wird in der weiteren Abhandlung als Abhebebogen bezeichnet. Nachstehend werden nun die beiden Vorgänge, Lichtbogen und Abhebebogen, genauer beschrieben.

W. F. Kraus (»Über die Bedingungen, unter welchen ein Lichtbogen überhaupt nicht entstehen kann«, E. u. M. Bd. 31, S. 717) formulierte, daß die Vorgänge an der Unterbrechungsstelle eines Stromkreises, wie etwa Lichtbogenbildung usw., nur davon abhängig sind, wie groß die Stromstärke vor der Unterbrechung und die Spannung nach der Unterbrechung ist. In einem Koordinatensystem, bestehend aus der Stromstärke vor der Unterbrechung und der Spannung nach der Unterbrechung, teilt eine rechtwinklige Hyperbel die Ebene der gesamten Wertepaare in zwei Teile. Die Asymptoten dieser Hyperbel sind eine der Abszissenachse parallele Gerade, die die Minimalspannung des Lichtbogens bei Bogenlänge Null darstellt und die Ordinatenachse. Unterhalb der Hyperbel (Abb. 7) liegen sämtliche Ströme und Spannungen, die lichtbogenfrei unterbrochen werden, während alle Wertekombinationen oberhalb der Hyperbel einen Lichtbogen in der Trennstrecke erzeugen. Nach diesen von Kraus experimentell bestimmten Kurven gibt es demnach nicht nur eine Minimalspannung für die Bogenlänge Null, sondern für jede Spannung auch einen Minimalstrom, unterhalb denen ein Lichtbogen unmöglich ist. Die Minimalspannung schwankt für die verschiedenen Metalle nach den Messungen von Burstyn (»Über lichtbogenfreie Unterbrechung elektrischer Ströme« ETZ 1920, Heft 26) zwischen 14 Volt für Zink und 20 Volt für Platin. Für Kohle beträgt nach Kraus die Minimalspannung etwa 25 Volt, für das Elektrodenpaar Kupfer—Kohle 16 Volt, wenn Kohle Kathode ist, und 25 Volt, wenn Kupfer Kathode ist. Immer ist die Lichtbogenspannung geringer, wenn von zwei verschiedenen Elektrodenmaterialien das mit der geringeren Wärmeleitfähigkeit als Kathode gewählt wird, weil dieses die Heizung des Kathodenfleckes mit geringerem Energieaufwand ermöglicht.

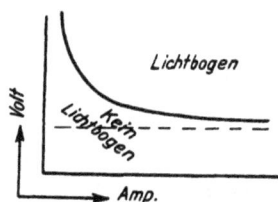

Abb. 7. Stromspannungscharakteristik für lichtbogenfreie Stromunterbrechung.

Für den Minimalstrom ergeben sich nach den Bemerkungen von Burstyn Werte, die sehr stark von der Reinheit der Oberfläche abhängen, je reiner die Oberfläche, desto größere Stromstärken lassen sich lichtbogenfrei unterbrechen. So betrug die Minimalstromstärke für Kupfer bei 220 Volt auf frisch polierter Fläche 1 Amp., während sie bei schwacher Oxydation nur 0,4 Amp. betrug.

Im übrigen sind noch die folgenden Ziffern interessant. Kupfer schaltet bei einer Spannung von 36 Volt eine Stromstärke von 95 Amp. lichtbogenfrei ab, während Zink bei dieser Spannung nur 1 Amp. lichtbogenfrei abschalten kann.

Die hier wiedergegebenen Ziffern sind nicht ohne weiteres auf den Kommutator übertragbar, da hier eine Elektrode, und zwar der Kommutator, sowohl durch die Größe als auch durch die schnelle Bewegung gegenüber der kleinen ruhenden Bürste eine Asymmetrie der Wärmekapazität und Kühlung der wechselnden Stromansatzflächen erzeugt, die bei stäbchenförmigen Elektroden nicht vorhanden ist. Es können also auf dem Kommutator sicherlich größere Ströme und Spannungen lichtbogenfrei geschaltet werden. Wie von J. Stark und L. Cassuto (Phys. Zeitschrift 1904, S. 264) gezeigt wurde, ist bei kleinen Stromstärken (7 Amp.) ein Lichtbogen nur zwischen heißer Kathode und kalter Anode, nicht aber zwischen kalter Kathode und heißer Anode möglich. Die Versuche wurden einmal so ausgeführt, daß ein Kohlezylinder als eine Elektrode vor einer feststehenden Stabelektrode rotierte, ein anderes Mal so, daß eine von zwei Stabelektroden mit Wasser gekühlt wurde. Der größere Kohlezylinder bleibt infolge seiner großen Wärmekapazität und infolge des dauernden Platzwechsels der Basisfläche des Lichtbogens relativ kalt, während die kleine Stabelektrode durch die stehende Basisfläche des Bogens heiß werden kann. Es brennt deshalb ein Lichtbogen nur bei feststehender Kathode und rotierender Anode, aber nicht umgekehrt. Für Kupferkommutator und Bürste liegen die Verhältnisse noch günstiger als für den asymmetrischen Lichtbogen, da außer der Asymmetrie der Elektrodenform und des Bewegungszustandes noch die Asymmetrie der Wärmeleitfähigkeit der Elektrodenmaterialien von Einfluß ist. Die für den Lichtbogen erforderliche Minimalspannung und Minimalstromstärke ist also am niedrigsten für die Kombination Kohlebürste als Kathode und Kommutator als Anode. Die von Kraus an ruhenden Elektroden gemessene Minimalspannung für ein Kontaktpaar Kohle als Kathode und Kupfer als Anode kann nun tatsächlich zwischen Bürste und Kommutator überschritten werden, selbst wenn man einen höheren Wert als 16 Volt wegen der hier vorliegenden besonderen Verhältnisse zugrunde legen muß. In Abschnitt 1 wurde bereits darauf hingewiesen, daß Punga und Schliephake Scheitelspannungen bis zu 20 Volt unter der Bürste gemessen haben. Wesentlich höhere Spannungen bis zu mehreren 100 Volt wurden bei kleinen Universalmotoren, etwa Staubsauger- oder Ventilatormotoren, in der Übergangsfläche gemessen. Gewöhnlich arbeiten die kleinen Maschinen mit einer Bürste pro Polarität. Die kleinen hier üblichen Bürstenprofile reagieren mechanisch bei den hohen Drehzahlen sehr leicht auf die relativ große Nutung des Kommutators, und zwar sowohl auf die ausgekratzten, als auch auf die nicht ausgekratzten Glimmernuten. So kommt es, daß bei dem niedrigen Gesamtdruck der Bürsten der Kontakt mechanisch mangelhaft ist. Bei den erheblichen Abständen, die so zwischen Kommutator und Bürste zeitweilig auftreten, kann die hohe Netzspannung oder Selbstinduktionsspannung des Stromkreises am Übergang wirksam werden. Die oszillographische Aufnahme der Ankerspannung eines mit 220 Volt gespeisten kleinen Wechselstromkollektormotors ergab Schwankungen von der Größenordnung der Ankerspannung selbst. Die Schwankung betrug etwa 250 Volt und erfolgte mit der Frequenz der Kommutaturnuten. Jedenfalls sind also zwischen Bürstenfläche und Kommutator Spannungen disponibel, die die Minimalspannung des Lichtbogens zwischen Kohle und Kupfer erheblich überschreiten.

Ein ganz ähnliches Verhalten der Kathoden findet man bei Gleichstrom-Erregermaschinen, die mit 3000 tourigen Turbogeneratoren direkt gekuppelt sind. Die Erschütterungen des ganzen Turbosatzes sowie die hohe Drehzahl des Kommutators führen auch bei dieser Maschine zu einer unruhigen Bürstenauflage. Ferner befindet sich im Belastungskreis eine außerordentlich hohe Selbstinduktion, und zwar in der Wicklung des Induktors. Bei Kontaktunterbrechungen treten also hohe Spannungen an der Trennstelle auf. Ferner werden die Minimalstromstärken, die bei hohen Spannungen größenordnungsmäßig etwa 1 Amp. betragen, in diesen Fällen weit überschritten.

Unter den Kathoden brennt also im Augenblick der Trennung ein Lichtbogen. Da die Lichtbogenbasis unter der Kathode festhaftet, ist außerhalb gewöhnlich nicht mehr viel von dem Lichtbogen zu sehen, als etwas Perlfeuer an der ablaufenden Bürstenkante. Man sieht aber nachträglich auf der Lauffläche der Kathode deutlich den kathodischen Brennfleck, und zwar vielfach in Form von einem oder mehreren zu den Lamellen parallel liegenden Brandstreifen. In der festhaftenden kathodischen Lichtbogenbasis kann der Luftsauerstoff den Kohlenstoff verbrennen. Daneben können Zerstäubungserscheinungen wirksam werden, wie sie als kathodische Zerstäubung oder Stoßverdampfung bekannt sind.

Die anodische Bürste verhält sich nun bei obigen Maschinen gänzlich anders. Für die Kombination Kohlebürste als Anode und Kommutator als Kathode liegen die Minimalspannungen des Lichtbogens zwar höher als für die umgekehrte Kombination, aber in den genannten Fällen werden auch die höheren Minimalspannungen noch reichlich überschritten. Ferner ist zu berücksichtigen, daß die stets von Kohlenstoff oder Oxyden verunreinigte Kommutatoroberfläche Ansatzpunkte für die kathodische Strombasis bietet, in denen sich Kohlenstoff und Oxyd bis zur Elektronenemission erhitzen können. Wir verweisen hier auf die bereits erwähnten Messungen Burstyns, daß bei oxydierten Kupferelektroden die Minimalstromstärke geringer war als bei polierten. Man beobachtet nun wirklich einen Lichtbogen, dessen kathodische Strombasis auf dem Kommutator festhaftet und so lange vom Kommutator mitgerissen wird, bis der Bogen abreißt. So werden immer neue Bögen gezündet und abgerissen. Die anodische Strombasis klettert indes unruhig auf der ablaufenden Seitenfläche der Bürste herauf. Der Lichtbogen wird also durch die Bewegung der Kathode, der Elektronenquelle, gänzlich aus der Bürstenfläche herausgerissen, so daß man ihn in seiner ganzen Ausdehnung außerhalb beobachten kann. Bei kleinen gleichstromgespeisten Motoren beobachtet man hin und wieder an der Anode eine ganze Menge dünner Glimmbögen, die etwa 1 cm des Kommutatorumfanges mit lebhaftem Flimmern bedecken. Bei höheren Stromstärken, etwa bei unrund laufenden Turboerregermaschinen, bemerkt man einen voluminösen knatternden Flammbogen an der Anode. Die Bürstenlauffläche ist in solchen Fällen vollkommen blank. Nur die ablaufende Seitenfläche zeigt rote Flecken von kathodisch zerstäubtem Kupfer und darum liegende schillernde Höfe.

Der Lichtbogen zwischen Bürste und Kommutator unterscheidet sich von dem Lichtbogen zwischen ruhenden Stabelektroden dadurch, daß die Anode relativ kalt bleibt. Es gibt keinen festhaftenden anodischen Brennfleck. So kommt es, daß Verbrennungserscheinungen unter der Bürstenfläche auch bei hohen Stromstärken nicht zu beobachten sind. Die auf der Kommutatorfläche festhaftende kathodische Basis reißt den Lichtbogen aus der eigentlichen Berührungsfläche der Bürste heraus.

Charakteristisch für den Lichtbogen ist der elektronenemittierende kathodische Brennfleck, der auf der Bürste oder auf dem Kommutator festhaftet. Eine solche Elektronenemission wird durch den Aufprall von positiven Ionen bestimmter Geschwindigkeit erzeugt. Erreichen die Ionen nicht die erforderliche Geschwindigkeit, weil entweder die Spannung zwischen den Elektroden oder der freie Abstand nicht ausreichend ist, dann bleibt die Elektronenemission aus. Der Strom wird nur von den positiven Ionen übertragen, die aus den glühenden Elektroden austreten. Diese Entladungsform wurde bereits als Abhebebogen definiert. Je höher die Stromstärke, desto größere Flächenteile werden geheizt und zur Ionenemission gebracht. Für den Abhebebogen kommen also besonders die hohen Stromstärken in Frage, und zwar größenordnungsmäßig etwa 30 bis 60 Amp., wie sie als nominelle Stromstärken pro Bürstenexemplar bei Hochstrommaschinen vorkommen. Durch ungleiche Stromverteilung in der Parallelschaltung wird diese nominelle Stromstärke pro Exemplar meist noch erheblich überschritten.

Für die Stromübertragung kommen nur die von der Anode erzeugten positiven Ionen in Frage, da nur diese wegen der Richtung des zwischen den Elektroden liegenden elektrischen Feldes austreten können. Aus der Kathode können keine positiven Ionen austreten. Ferner ist zu erwarten, daß Kohle als Anode mehr Ionen aussendet, als Metall. Infolge der geringen Wärmeleitfähigkeit läßt sich Kohle leichter aufheizen und heiß erhalten. Ferner enthält Kohle viel mehr okkludierte Gase als Metall.

Beim Lichtbogen ist die Spannung bei dem Elektrodenpaar Kathode — Kupfer und Anode — Kohle größer als bei dem Elektrodenpaar Kathode—Kohle und Anode—Kupfer. Nach den Messungen von Kraus beträgt z. B. die Minimalspannung im ersten Falle 25 Volt und im zweiten Falle 16 Volt. Für den Abhebebogen gilt diese Asymmetrie umgekehrt. Tatsächlich hat Hayashi (»Die Abhängigkeit des Übergangswiderstandes der Kohlebürsten von der Temperatur«, Archiv für Elektrotechnik, Band II, Heft 2, 1913) diese Umkehrung der Spannungswerte gemessen, wenn er zwischen ruhendem Messing und Bürste 0,04 mm dicke Distanzstücke aus Glimmer anbrachte und den Bogen durch Anlegen einer Spannung von 40 Volt zündete. Vermutlich trat eine Kontaktzündung durch leitenden Staub ein, der unter dem Einfluß des elektrischen Feldes eine leitende Brücke gebildet hatte. Dann sank die Spannung für die

Stromrichtung Kohle als Anode und Metall als Kathode auf 3 bis 4 Volt bei einer Stromdichte von 4 Amp., also jedenfalls weit unter jede beim wirklichen Lichtbogen bekannte Minimalspannung. Für die umgekehrte Stromrichtung Metall als Anode und Kohle als Kathode sank unter gleichen Verhältnissen die Spannung auf 11 bis 12 Volt.

Ähnliche Resultate erhielt Binder (Binder, »Wissenschaftliche Veröffentlichungen aus dem Siemens-Konzern, II. Band, 1922, Über Vorgänge an den Bürsten und Stromwendern«), indem er Ruhekontakte langsam lockerte und trennte. Der Arbeit von Binder ist auch der Ausdruck Abhebebogen entlehnt. Auch hier waren für das Kontaktpaar Kathode—Kupfer und Anode—Kohle die gemessenen Spannungen bei der Kontaktlockerung kleiner als für die umgekehrte Anordnung. Nach einer brieflichen Mitteilung verwandte Binder eine Spannungsquelle von 110 Volt, so daß also bei der völligen Kontakttrennung ein wirklicher Lichtbogen entstand. Aus diesem Grunde bezeichnete Binder den Abhebebogen auch als Lichtbogen im Entstehungszustand. So lange eben noch eine Verbindung durch glühende Teilchen oder feuerflüssige Brücken bestand, war die Spannung so klein, daß parallel nur Abhebebögen in dem definierten Sinne bestehen konnten.

Mit sehr kleinen Spannungen unterhalb der Minimalspannung des Lichtbogens arbeitete Schliephake (»Untersuchungen an Kohlebürsten«, Diss. an der Technischen Hochschule, Darmstadt, Gießen 1927), als er versuchte, die Kurve gleichen Substanzverbrauches der Bürsten bei verschiedenen Spannungen und Stromstärken aufzustellen. Die angelegten Spannungen variieren zwischen etwa 0,7 und 8 Volt. Einzelne Flächenteile der Versuchsbürsten konnten durch einen Schleifkörper, der aus verschiedenen gegeneinander isolierten Kupferscheiben hergestellt war, verschiedenartig belastet werden. Die Spannungen wurden an Flächenteile gelegt, die durch andere unbelastete oder schwach belastete Flächenteile getragen wurden. Nachdem durch bestimmte Spannungen die getragenen Flächenteile bis zur völligen Kontakttrennung abgebrannt waren, setzte durch Anlegen einer höheren Spannung wieder Strom ein. Auch hier setzte, ähnlich wie bei den Versuchen von Hayashi der Stromübergang durch Kontaktzündung über Staubbrücken ein. Wegen der kleinen Spannungen konnte ein eigentlicher Lichtbogen nicht entstehen.

Es wurde bereits eingangs erwähnt, daß glühende Körper außer den positiv geladenen Atomen des okkludierten Gases auch solche des Glühkörpers selbst aussondern, und zwar um so mehr, je leichter verdampfbar das betreffende Material ist. Wir wollen diesen Materialverlust von anodisch polarisierten Elektroden kurz anodische Verdampfung nennen. Von der anodischen Verdampfung wird in den weiteren Teilen häufig Gebrauch gemacht. Die dort angeführten Beobachtungstatsachen sind geeignet, die hier vorgetragene Theorie des Abhebebogens zu stützen.

Beim Lichtbogen ist eine Verbrennung von Kohle im Luftsauerstoff nur an der Kathode möglich. Beim Abhebebogen dagegen ist eine Verbrennung unabhängig von der Stromrichtung, also sowohl auf der Anode, als auch auf der Kathode möglich. Die Einschnürung von hohen Stromstärken in den kleinen Flächenvorsprüngen heizt diese durch die Joulesche Wärme.

Bei der Kontakttrennung zwischen Bürste und Kommutator treten also verschiedenartige Erscheinungen auf je nach der Stromstärke, der zwischen Bürste und Kommutator wirksamen Spannung und dem Abstande von Bürste und Kommutator. Es kommt zu einem Lichtbogen hier in der besonderen Form eines Bogens mit heißer Kathode und kalter Anode, wenn Stromstärken und Spannung gewisse zusammengehörige Mindestwerte überschreiten. Es kommt zu einem Abhebebogen mit heißer Anode und heißer Kathode, wenn Stromstärke und Spannung die genannten Mindestwerte nicht erreichen, insbesondere dann, wenn hohe Stromstärken unterhalb der Minimalspannung des Lichtbogens getrennt werden. Für den Lichtbogen muß außerdem ein genügender Abstand für die Ionisierung durch Elektronenstoß vorhanden sein. Der Lichtbogen ist ein selbständiger Vorgang, da die Kathode dauernd infolge des Ionenaufpralls Elektronen emittiert. Der Abhebebogen ist ein unselbständiger vorübergehender Vorgang, da die Elektroden immer wieder durch Berührung neu aufgeheizt werden müssen, damit sie Ionen emittieren. Die Verbrennung von Kohlenstoff im Luftsauerstoff wird beim Lichtbogen an der Kathode und beim Abhebebogen an der Anode und Kathode beobachtet. Heiße anodisch polarisierte Körper senden positiv geladene Atome ihrer Bestandteile aus, und zwar um so mehr, je leichter verdampfbar das Material ist. Diese Erscheinung wird als anodische Verdampfung eingeführt.

3. Die Elektrolyse der Feuchtigkeitshaut.

In diesem Abschnitt wird die elektrolytische Zersetzung der Feuchtigkeitshaut und der Einfluß der Zersetzungsprodukte auf Bürste und Kommutator behandelt.

Die Allgegenwart des Wasserdampfes in der Atmosphäre bringt es mit sich, daß alle Oberflächen mit einer Wasserhaut bedeckt sind. Diese Haut wird neuerdings vielfach Rohmannhaut genannt, weil Rohmann zuerst Messungen über die Dicke dieser Haut unternahm. Rohmann fand (Elektrische Kontakte, Phys. Zeitschrift, Band XXI, 1920), daß beim Nähern von Kontakten eine plötzliche Steigerung der Leitfähigkeit bei Abständen von 10 bis 100 $\mu\mu$ entstand. Beim Anhauchen dieser Kontakte trat diese Steigerung schon bei mehreren μ Abstand auf. Diese Erscheinung wird von Rohmann durch die Wasserhaut erklärt. Die

Wasserhaut variiert in der Schichtdicke mit dem relativen Feuchtigkeitsgehalt der Luft. Überschreitet dieser den Taupunkt, also 100%, so werden die Gegenstände fühlbar feucht.

Die Wasserhaut befindet sich nun sowohl auf der Kommutatorfläche, als auch auf der Bürstenfläche. Gerade Kohlenstoff nimmt infolge seiner außerordentlich großen Oberfläche sehr viel Wasser auf. Je nach Art der verwandten Rohstoffe und je nach der Luftfeuchtigkeit, die in unseren Gegenden zwischen 65 und 85% schwankt, schwankt der Wassergehalt der Bürstenkohle zwischen 0,3 und 1,6 Gewichtsprozenten. Bei Überschreiten des Taupunktes, etwa in den feuchten Räumen von Papierfabriken, wird der Wassergehalt der Kohle bedeutend höher sein. Es ist bemerkenswert, daß durch Imprägnieren mit Fetten oder Ölen die hygroskopischen Eigenschaften der Kohle nur geringfügig verändert werden. Auf dem Kommutator unterstützt das Kupferoxyd mit seiner schwach hygroskopischen Eigenschaft die Entwicklung einer Wasserhaut.

Die Wasserhaut zwischen den Gleitflächen wird nun bei Stromdurchgang elektrolytisch zersetzt. An der Anode entsteht Sauerstoff und an der Kathode Wasserstoff. Ist also die Bürste Anode und der Kommutator Kathode, so wird der Sauerstoff an der Bürste und der Wasserstoff an dem Kommutator frei. Der Elektrolyt-Sauerstoff wirkt nun auf Kohle ein, indem diese vorwiegend zu Kohlensäure oxydiert wird. Es ist ferner bekannt, daß der anodisch entwickelte Sauerstoff auch das Gefüge der Oberfläche der Kohle auflockert. Kohle ist zwar unlöslich, aber nicht unangreifbar.

Ähnliche Vorgänge beobachtet man im Laboratorium, wenn glatt polierte Schliffflächen von Kohle anodisch angeätzt werden, um die Gefügebestandteile besser trennen zu können. Noch bekannter ist die Zerstörung von Kohleelektroden in der Elektrolyse, wenn an ihnen anodisch Sauerstoff entwickelt wird. Wird also durch die Elektrolyse der Wasserhaut Sauerstoff an der Bürstenlauffläche entwickelt, so werden Kohleteilchen gelockert und aus dem Verband herausgerissen. Der auf der Kommutatorfläche elektrolytisch entwickelte Wasserstoff reduziert Oxydbeläge zu metallischem Kupfer.

Ist aber die Bürste Kathode und der Kommutator Anode, dann entwickelt sich an der Bürste Wasserstoff und an dem Kommutator Sauerstoff. Es bildet sich eine Kupferoxydhaut auf dem Kommutator, die alle Farben dünner Blättchen zeigen kann von rosa bis stahlblau. Bei der Elektrolyse des Wassers bildet sich zunächst an dem anodisch polarisierten Kupfer Kupferhydroxyd. In warmer oder kochender Lösung geht dieses Kupferhydroxyd schnell in Kupferoxyd über.

Die Elektrolyse der Feuchtigkeitshaut ist ein zeitlich vorübergehender Vorgang, der nur dann stattfindet, wenn die Berührung bei der Kontaktlockerung nur noch in der Feuchtigkeitshaut stattfindet. Die Elektrolyse kann nur so lange stattfinden, so lange die Feuchtigkeitshaut noch nicht im Abhebebogen verdampft ist. Sie kann vor dem Abhebebogen explosionsartig schnell verlaufen.

Die Elektrolyse der Feuchtigkeitshaut hat also zur Folge, daß die Kommutatorfläche, wenn sie anodisch polarisiert wird, eine Oxydpolitur annimmt, wenn sie kathodisch polarisiert wird, hell bleibt. In der Tat wird diese Feststellung immer wieder gemacht, wenn aus irgendeinem Grunde die Bürsten auf dem Kommutator in getrennten Bahnen stehen. Auf die Möglichkeit einer Elektrolyse der Feuchtigkeitshaut ist in der Literatur wiederholt aufmerksam gemacht, um den Farbunterschied der beiden entgegengesetzt polarisierten Kommutatorbahnen zu erklären. Von wesentlich größerer Bedeutung für das Ziel dieser Arbeit ist die Einwirkung des Elektrolyt-Sauerstoffes auf die Kohle. Die anodisch polarisierte Kohle wird durch den Elektrolyt-Sauerstoff verbrannt und aufgelockert.

4. Die Politur der Gleitflächen.

In diesem Abschnitt wird die Politur der Gleitflächen sowohl auf dem Kommutator, als auch auf den Bürsten behandelt, wie sie sich unter dem Einfluß von Lichtbogen, Abhebebogen, Reibung, Luftsauerstoff und Luftfeuchtigkeit einstellt. Die Vorgänge werden getrennt aufgeführt in den Unterabschnitten »A Stromloser Lauf«, »B Anodische Strombelastung« und »C Kathodische Strombelastung«. Den Unterabschnitten geht eine allgemeine Beschreibung der verschiedenen Kohlenstoffe voraus, wie sie bei der Fabrikation von Dynamobürsten angewandt werden.

Die verschiedenen Kohlenstoffe unterscheiden sich in der Härte. Nach der Mohs'schen Härteskala kommt der härteren Retortenkohle etwa die Härte 9 und dem weichesten Graphit die Härte 1 bis 2 zu. Alle Zwischenstufen sind durch eine Kohlenstoffart vertreten. Die verschiedenen Bürstensorten sind nun Gemenge aus verschieden harten Kohlenstoffarten. Die Herstellung der künstlichen Kohle ähnelt der Keramik. Die trockenen Kohlepulver werden mit organischen Bindemitteln zu Körpern geformt und dann geglüht. Durch das Glühen werden die organischen Bindemittel in elektrisch leitenden Koks, also auch in Kohlenstoff verwandelt. Das Fertigprodukt hat keramische Struktur. Die Teilchen der ursprünglichen Kohlepulver liegen unverändert nebeneinander verbunden durch den Bindemittelkoks. Es besteht eine alte Tradition, die sagt, daß der Graphit in der Bürste das Schmiermittel und der harte Kohlenstoff das Putzmittel ist. Je nach den Anforderungen, die gestellt werden, wird das Verhältnis harter Kohlenstoff zu Graphit variiert. Neuerdings werden meist elektrographitierte Bürsten angewandt. Die Herstellung unterscheidet sich von der eben beschriebenen dadurch, daß die fertig verkokten Blöcke noch zusätzlich einer elektrischen Glühung ausgesetzt werden. Hierbei werden alle Bestandteile je nach der erreichten Glühtemperatur in einen mehr oder weniger harten Elektrographit umgewandelt.

Die Härten der verschiedenen Kohlenstoffarten weicht nun so beträchtlich voneinander ab, daß sie ein ganz verschiedenes Verhalten beim Gleiten auf rotierenden Kupferkommutatoren zeigen. Zur Erleichterung der Ausdrucksweise werden drei Bürstenmarken A, B und C fingiert.

Marke A besteht überwiegend aus harten Kohlenstoffbestandteilen. Harte Kohlenbürste.

Marke B besteht aus einem Gemisch von weichem Graphit und nichtleitenden harten mineralischen Bestandteilen. Naturgraphitbürste.

Marke C besteht aus reinem Graphit. Vollständig elektrographitierte Elektrographitbürste.

Die drei Marken kommen in der Praxis kaum rein vor. Marke A wird gewöhnlich mit etwas Graphitzusatz hergestellt. Marke C wird meist unvollständig graphitiert angewandt. Aber die Fiktionen A, B und C machen die Verhältnisse klarer. Die wirklichen Verhältnisse sind dann ohne weiteres durch Zusammensetzung zu erhalten.

Hin und wieder wird auch von Metallgraphitbürsten gesprochen. Es handelt sich hier um Kupfergraphitgemenge. An solchen Bürsten zeigen sich polare Unterschiede besonders deutlich, so daß sie gern als Beispiele Anwendung finden.

A. Stromloser Lauf.

Nach dem Einschleifen sind zunächst die Gleitflächen von Bürste und Kommutator rauh und in bezug auf die Krümmung vielfach wenig übereinstimmend. Bei den üblichen Gesamtdrucken bis zu 3 kg pro Bürste werden dann an den Berührungspunkten Kohle- und Kupferteilchen zerdrückt, oder aber bei der Oberflächenverzahnung abgeschert, so daß sich Kupferteilchen in der porösen Bürstenfläche, oder Kohleteilchen in den Vertiefungen der Kommutatoroberfläche wiederfinden. Naturgemäß reibt sich weicher Graphit leichter in die Kommutatoroberfläche ein als harter Kohlenstoff und umgekehrt reibt sich das Kommutatorkupfer leichter in die Lauffläche einer harten Kohlebürste ein als in die Lauffläche einer weichen Graphitbürste. Man kann mit weichem Graphit auf rauhem Kupfer schreiben, so wie man mit Kupfer auf rauher harter Kohle schreiben kann.

Die harte Marke A erzeugt auf dem Kommutator eine helle kupferfarbene Politur. Die Gleitfläche der Bürste bleibt ziemlich rauh. Sie zeigt vielfach einen grünlich gelben Anflug von basischem Kupferkarbonat, das aus den winzigen abgeriebenen Kupferteilchen in Gegenwart von Luftfeuchtigkeit, Luftsauerstoff und Kohlensäure entsteht.

Wird die Reibung groß durch Lockerung von harten Teilchen aus der Bürstenfläche (siehe Teil II), dann tritt eine starke Oxydation der Kommutatorlaufbahn auf. Diese Oxydation ist nicht nur eine Folge der

Temperaturerhöhung. Wie M. Fink und H. Hofmann (M. Fink und H. Hofmann, »Zur Theorie der Reiboxydation«, Archiv für Eisenhüttenwesen, Okt. 1932) gezeigt haben, oxydieren Metalle sehr leicht bei plastischer Verformung der Oberflächenvorsprünge, wie sie bei der Reibung auftritt. Die Theorie nimmt an, daß bei plastischer Verformung Atome außerhalb des Gitterverbandes geraten und dadurch besonders reaktionsfähig werden, indem sie sich leicht mit dem Sauerstoff der Luft verbinden. Diese Erklärung für die Oxydation des Kommutators macht auch verständlich, daß sich Oxydstreifen auf dem Kommutator zeigen, die genau einer Bürstenbreite entsprechen. Wäre die Temperatur allein maßgebend, so wäre nicht einzusehen, warum die Oxydation so scharf auf die Laufbahn der Bürste beschränkt bliebe. Andererseits ist zuzugeben, daß bei hohen Temperaturen, etwa über 100º C, sehr leicht Anlauffarben auf dem Kommutatorkupfer entstehen. Dann ist aber der Kommutator überall, auch da wo keine Bürsten laufen, gefärbt.

Anscheinend tritt die Reiboxydation sehr leicht dann auf, wenn die Kohle selbst Sauerstoff an das Kupfer bringt. Es sind Fälle beobachtet worden, wo die Erscheinung der tief dunkel gefärbten, d. h. blau oxydierten Laufbahn gerade dann besonders markant auftrat, wenn eine absorptionsfähige Kohlenstoffart in dem Bürstenmaterial verwandt war.

Marke *B* erzeugt ebenfalls helle oder oxydische Kommutatoroberflächen je nach der Härte des angewandten Graphits. Die Gleitfläche der Bürste selbst ist nach längerer Laufzeit glatt, da sie sich mit Graphit zuschmiert. Es wird mechanisch Graphit auf die Kommutatorfläche übertragen. Die Oxydpolitur wird von einem Graphitspiegel zugedeckt. Die mineralischen Verunreinigungen kratzen die sonst glatte Kommutatorpolitur strichweise auf.

Marke *C* mit der sehr geringen Anzahl an harten Bestandteilen entwickelt keine Oxydpolitur. Es tritt keine plastische Durchknetung der Kommutatoroberfläche ein. Die Gleitfläche der Bürste zeigt glatten Laufspiegel, da sie sich mit Graphit zuschmiert. Die Bürste sondert Graphit auf der Kommutatorfläche ab, entwickelt also eine schwarz glänzende Oberfläche.

Nun noch etwas über den Einfluß des aus verschieden harten Bestandteilen zusammengesetzten Gefüges auf die geometrische Feinstruktur der Gleitflächen. Die Schliffe von Legierungen, wie sie für metallographische Untersuchungen angefertigt werden, lassen einen reliefartigen Aufbau erkennen, wenn sie auf weicher Unterlage, etwa Filz, poliert werden. Die weichen Gefügebestandteile verschleißen beim Polieren stärker, so daß die härteren erhaben stehen bleiben. Genau so läßt sich auch Kohlebürstenmaterial reliefpolieren, wenn Gefügebestandteile von ausreichendem Härteunterschied vorhanden sind. Auch auf dem relativ starren, mit Kohleteilchen belegten Kommutatorkupfer tritt eine Reliefpolitur der Bürstenfläche ein. Bei schwacher Vergrößerung findet man im Mikroskop bei streifender Beleuchtung deutlich eine Reliefgestalt durch die Verteilung von Licht und Schatten. Gegenüber dem Reliefpolieren auf Filz besteht aber ein Unterschied. Sind die Gefügebestandteile sehr hart, so daß eine Verzahnung mit der Kommutatorfläche auftritt, oder aber bestehen Gefügebestandteile aus Metall, so daß ein metallisches Fressen auf der Kommutatorfläche auftritt, dann werden diese Bestandteile herausgerissen. Der weichere Gefügebestandteil, etwa Graphit, bildet dann den eigentlichen Träger der Bürstenfläche. Man könnte von einem Selbsterhaltungstrieb der Gleitflächen sprechen. So verlieren z. B. Läppsteine, die aus einem Gemisch von Kupfer und Karborundum bestehen, ihre Schleiffähigkeit. Die harten Karborundumkörner werden herausgerissen und das weichere Kupfer bleibt stehen. Bei Kupfergraphitbürsten wird das Kupfer vom Kommutator aus der Lauffläche der Bürste herausgerissen. Tatsächlich zeigen Kupfergraphitbürsten nach stromlosem Lauf Reliefstruktur. Der Graphit steht erhaben vor. Es wird hier der Analogieschluß gemacht, daß bei Reinkohlebürsten die sehr harten Bestandteile sich ähnlich wie das Kupfer verhalten. Sind die sehr harten Bestandteile dagegen in einem sehr festen Gefügeverband, dann können sie nicht herausgerissen werden. Das Lauflächenrelief einer Reinkohlebürste kann demnach verschieden ausfallen je nach dem Härteunterschied der Bestandteile und je nach der Festigkeit des Gefüges. Besteht das Bürstenmaterial aus gleich harten Bestandteilen, dann ist die Lauffläche glatt ohne Relief.

Wichtiger aber sind die Erscheinungen des Substanzwechsels der Gleitschicht unter dem Einfluß des Stromdurchgangs. In den nachfolgenden Unterabschnitten werden die Anoden und Kathoden getrennt behandelt.

B. Anodische Strombelastung.

Die mikroskopisch kleinen harten Gefügebestandteile des Lauflächenreliefs bilden die eigentlichen Kontaktpunkte der Hertzschen Fläche. Diese ritzen die Oxydhaut und Wasserhaut und berühren so unmittelbar das Kommutatorkupfer. So lange unmittelbare Berührung vorhanden ist, treten keine polaren Unterschiede in der Stromübertragung auf. Erst bei der Kontaktlockerung und Kontakttrennung kommen die Erscheinungen zustande, die in den Abschnitten »Lichtbogen und Abhebebogen« und »Die Elektrolyse der Feuchtigkeitshaut« geschildert sind.

Es kommt zu einer völligen Kontakttrennung, bei der die Bedingungen des Lichtbogens erfüllt sind. Der Lichtbogen wird durch die auf der Kommutatorfläche festhaftende kathodische Strombasis aus der Bürstenberandung herausgerissen. Die Lauffläche der Bürste erleidet keine Veränderung.

Es kommt zu einer Kontaktlockerung und kurzen Kontakttrennung, bei der die Bedingungen des Abhebebogens erfüllt sind, insbesondere diejenige, daß hohe Stromstärken übertragen werden. Der glühende Kohlenstoff an der Unterbrechungsstelle verbrennt im Luftsauerstoff. Hält der mechanische Abrieb der übrigen Lauffläche der Bürste nicht Schritt mit der Verbrennung, dann wird der Brandflecken auf der Gleitfläche sichtbar. Außer der Verbrennung tritt anodische Verdampfung des Kohlenstoffs auf, jedoch nur spurenhaft infolge der sehr hohen Verdampfungstemperatur von Kohlenstoff. In der Gleitfläche der Metallgraphitbürste dagegen überwiegt die anodische Verdampfung des Metalls. Die Gleitfläche der Metallgraphitbürste wird dunkel von dem übrigbleibenden Graphit.

Erreicht bei hoher Luftfeuchtigkeit die Rohmannhaut eine gewisse Schichtdicke, dann stellt sich neben den erwähnten Erscheinungen eine merkliche Elektrolyse der Feuchtigkeitshaut ein. Der an der anodischen Bürste entwickelte Elektrolytsauerstoff lockert das Gefüge auf. Die Elektrolyse der Feuchtigkeitshaut überwiegt an Häufigkeit Abhebebogen und Lichtbogen, weil sie erstens so oft auftritt, so oft Abhebebogen und Lichtbogen auftreten und zweitens auch auftritt, wenn Abhebebogen und Lichtbogen nicht zustande kommen. Das gilt um so mehr, je dicker die Feuchtigkeitshaut ist.

Die aufgezählten Vorgänge finden nur an den harten Bestandteilen statt, weil diese vorher während der Berührung die eigentlichen Kontaktpunkte waren. Der harte amorphe Kohlenstoff ist zudem leichter verbrennlich und außerdem, gegenüber dem Elektrolytsauerstoff weniger widerstandsfähig als der kristalline Graphit. Die harten Bestandteile werden daher durch die Stromübertragung stärker verbraucht. Die Lauffläche der anodisch polarisierten Bürste wird also durch diese Aussonderung der harten Bestandteile graphitischer. Ein ähnliches Verhalten wie die harten Gefügebestandteile in der Kohlebürste zeigen die Metallteile in der Metallgraphitbürste. Sie werden bereits mechanisch, also ohne Strom aus der Lauffläche herausgerissen, wenn sie sich mit der Kommutatorfläche metallisch verschweißen können. Bei anodischer Polarisierung werden die gutleitenden Metallteilchen durch anodische Verdampfung verbraucht. Der Verbrauch der Metallsubstanz kann so stark werden, daß die Laufflächen von Metallgraphitbürsten von dem in den Laufflächen nunmehr überwiegend vorhandenen Graphit dunkel werden.

Die Erscheinung der Graphitierung der anodischen Laufflächen von Metallgraphitbürsten tritt um so stärker auf, je höher die Belastung ist, je unruhiger die Bürste läuft (unrunder Ring, zu geringer Auflagedruck) und je höher der Graphitgehalt der Bürste ist. Alle genannten Umstände führen zu örtlich hoher Belastung infolge zeitweiliger Verkleinerung der Hertzschen Fläche und damit Verringerung der Anzahl der kontaktfähigen Punkte. Ferner beobachtet man, daß zinkhaltige Metallgraphitbürsten, etwa solche, deren Metallkörner aus Messing bestehen, sehr schnell bei anodischer Polarisierung dunkel werden. Zink ist eben sehr viel leichter verdampfbar als Kupfer. Zinnbronze verhält sich dagegen wie reines Kupfer, da Zinn bei ungefähr gleicher Temperatur verdampft wie Kupfer.

Entsprechend dem verschiedenen Gehalt an harten Bestandteilen bei den drei Marken *A*, *B* und *C* ist auch das Verhalten bei anodischer Polarisierung verschieden.

Wir beginnen mit Marke *C*, da deren extrem niedriger Gehalt an harten Bestandteilen die Vorgänge verständlicher macht. Es sind nur wenige harte Bestandteile in der Hertzschen Fläche vorhanden, sodaß also die wenigen Kontaktpunkte sich in die Übertragung des Stromes pro Bürstenexemplar teilen müssen. Die Strombelastung des einzelnen Kontaktpunktes ist sehr hoch, sodaß bei der Lockerung des Kontaktes durch Bewegungen der Bürste Abhebebogen und Elektrolyse zu einem schnellen Verbrauch der harten Bestandteile führen.

Bei der Naturgraphitkohle *B* sorgen die natürlichen Verunreinigungen, die als ein feines Skelett die Graphitkristalle durchziehen, durch ihre Schleifwirkung dafür, daß die hemmende Wasser- und Oxydhaut dauernd in feinen Riefen aufgerissen wird. Diese nicht leitenden Verunreinigungen, wie Glimmer, Quarz, Eisenoxyd usw., erfüllen bei *B* dieselbe Aufgabe, wie die harten leitenden Bestandteile von *C*, mit dem Unterschiede, daß sie selbst den Strom nicht übertragen, also auch nicht ausbrennen. Dieser Gehalt an nicht leitender Schleifsubstanz verleiht der Naturgraphitkohle eine größere Stabilität des Übergangswiderstandes gegenüber der Marke *C*.

Am vorteilhaftesten bewährt sich die Marke *A* als Anode, da diese Qualität reichlich harte Bestandteile für die Stromübertragung enthält. Natürlich sind die harten Bestandteile nur dann wirksam, wenn sie in einem genügend festen Gefüge sich befinden, also mechanisch nicht aus der Lauffläche herausgerissen werden können. Nur bei ungewöhnlich hoher Strombelastung kann der Verbrauch der harten Kontaktpunkte soweit gehen, daß sie in dem zur Schmierung notwendig vorhandenen weicheren Kohlenstoff verschwinden.

Aus diesen Ausführungen über die Anode ergibt sich eine natürliche Grenze für die Strombelastung der Anoden verschiedener Qualität. Man muß die Belastung entsprechend der Zahl der harten Bestandteile in der Hertzschen Fläche begrenzen, damit nicht durch vorzeitige Aussonderung der harten Bestandteile unstabile Verhältnisse entstehen. Je größer die Zahl der harten Bestandteile in einem Material und je elastischer das Material ist, um so höher kann die Strombelastung pro Bürstenexemplar gewählt werden.

Unter den anodischen Bürsten ist der Kommutator kathodisch polarisiert. Kommt ein Lichtbogen zustande, dann kann die heiße auf dem Kommutator festhaftende kathodische Strombasis die Kommutatorfläche örtlich oxydieren. Die winzige Ausdehnung der Basisfläche läßt diese Wirkung jedoch nicht deutlich erkennen. Dagegen stellt sich kathodische Zerstäubung von Kupfer ein, die sehr deutlich an dem verteilten Kupfer auf den Seitenflächen der Bürsten oder der Halterteile zu erkennen ist. Ferner ist zu bemerken, daß gerade auf einem oxydierten Kommutator die kathodische Strombasis sehr leicht festhaftet, weil Metalloxyde sehr leicht bei höherer Temperatur Elektronen emittieren.

Im Abhebebogen oxydiert sich die Kommutatorfläche, während der an dem kathodischen Kupfer entwickelte Elektrolytwasserstoff etwa entstandenes Kupferoxyd reduziert.

Viel wichtiger als alle diese Vorgänge ist die Übertragung von Graphit von der anodischen Bürste auf den kathodischen Kommutator. Die anodisch polarisierte Bürstenfläche ist durch Aussonderung der harten Bestandteile und Metallteile graphitisch und damit leicht zerreiblich geworden. Der lose Graphit reibt sich leicht ab und wird mechanisch auf den Kommutator übertragen. Diese Erscheinung wird besonders bei Marke C als Anode beobachtet. Mitunter erzeugen diese Bürsten speckartig glänzende dicke Graphitbeläge bei hoher Strombelastung, die bei geringer Teillast wieder verschwinden. Unter der Marke A als Anode bleibt dagegen der Kommutator heller. Bei geringem Gehalt an Verunreinigungen sondert auch B Graphit ab. Man stellt jedoch bei näherem Zusehen fest, daß die Kommutatorpolitur aus hellen und dunklen Linien besteht, die miteinander abwechseln.

Der auf den Kommutator übertragene Graphit bildet infolge seiner geringen Wärmeleitfähigkeit vorzugsweise den anodischen und kathodischen Ansatzpunkt eines Abhebelichtbogens oder Lichtbogens. Der großkristalline Graphit wird dann durch die Zerstäubung in einen kleinkristallinen schwarzen rußartigen Kohlenstoff zurückverwandelt. Dieser Kohlenstoff haftet sehr fest an der Kommutatoroberfläche. Dem ersten Eindruck folgend, daß die Kommutatorfläche durch aus der Bürste ausgetretenes Fett oder Öl verunreinigt sei, hat man wiederholt vergeblich versucht, den Kommutator mit einem in Petroleum oder Benzin getränkten Lappen zu reinigen.

Außer der Absonderung von Graphit zeigt gerade Qualität C als Anode eine merkliche Abhängigkeit des Spannungsabfalls vom Auflagedruck. Bei hohen Drucken bleibt der Spannungsabfall niedrig, weil nur wenige und kurze Kontaktunterbrechungen auftreten können. Infolgedessen werden die harten Bestandteile nicht so schnell abgetragen und tief gelegt. Dagegen steigt der Spannungsabfall bei geringen Drucken schnell an und erreicht nach längerer Zeit Werte von mehreren Volt, wenn die Kommutatorfläche mit Graphit belegt ist.

Je feuchter die Witterung ist, um so dicker ist die Feuchtigkeitshaut und um so stärker ist auch die Selektivität der Kontaktpunkte und damit die Zerstörung der anodischen Lauffläche. So ist die Beobachtung erklärlich, daß der Spannungsabfall von der Luftfeuchtigkeit in dem Sinne abhängig ist, daß er mit höherer Luftfeuchtigkeit ansteigt.

C. Kathodische Strombelastung.

Ist die Bürste kathodisch belastet, dann sind bei Kontaktlockerung und Kontakttrennung folgende Erscheinungen zu beobachten.

Sind die Bedingungen des Lichtbogens erfüllt, dann führt die auf der Bürstenfläche festhaftende kathodische Strombasis zu starker örtlicher Verbrennung und kathodischer Zerstäubung.

Kommt nur ein Abhebebogen zustande, dann entstehen auf der Bürstenfläche diffuse Verbrennungen. Ist der mechanische Abrieb stärker als die Häufigkeit und Stärke des Lichtbogens und Abhebebogens, dann bleibt die Bürstenfläche frei von Brandflecken.

Tritt Elektrolyse der Feuchtigkeitshaut auf, dann ändert sich an der Bürstenfläche bei Kohlebürsten nichts. Bei Metallgraphitbürsten kann der Elektrolytwasserstoff etwa auf der Bürstenfläche vorhandene Metalloxyde reduzieren.

Von der Verbrennung und Zerstäubung in der kathodischen Lichtbogenbasis werden vorzugsweise die harten Bestandteile in der Bürstenfläche getroffen, weil diese den Strom während der eigentlichen Berührung übertragen. Das Laufflächenrelief wird also bei kathodischer Polarisierung durch den Lichtbogen leicht zerreiblich. Die starken örtlichen Verbrennungen der kathodischen Bürsten sind sehr häufig an den Plusbürsten von 3000 tourigen Turboerregermaschinen (Kathode = Plusbürste im Generatorsinn) und an den Minusbürsten von Staubsauger- und Ventilatormotoren (Kathode = Minusbürste im Motorsinn) zu sehen. Es bilden sich scharf begrenzte Brandstreifen auf diesen Bürsten, während die entgegengesetzt polarisierten Bürsten sauber bleiben. Die in Reihe mit dem Anker liegende Induktorwicklung bei Turboerregermaschinen oder die Feldwicklung bei Staubsauger- und Ventilatormotoren führen bei dem mechanisch sehr unruhigen Lauf zu hohen Öffnungsspannungen. Die scharf begrenzten Brandstreifen sind ein ganz besonderes Charakteristikum der Kathode. Wir werden im Teil III diese Erscheinung noch vom Gesichtspunkt der Stromwendung genauer behandeln.

Beim Abhebebogen entstehen bei hinreichender Stromstärke Verbrennungen, die den Verbrennungen im Lichtbogen auf der Kathode gleichen. Wichtig ist die weitere Feststellung, daß bei der Elektrolyse der Feuchtigkeitshaut keine Änderungen auf der Kathode eintreten. Unter normalen Verhältnissen, also wo der Lichtbogen überhaupt nicht und der Abhebebogen nur äußerst selten zustande kommt, bleibt das Laufflächenrelief der Kathode unverändert so, wie es der mechanische Abrieb gestaltet. Darin steht die Kathode im Gegensatz zur Anode, bei der der Elektrolytsauerstoff das Gefüge lockert. Die Analogie mit der Metallgraphitbürste trifft auch für die Kathoden zu. Die Lauffläche bleibt metallisch blank, d. h. das Metall bleibt, wenn auch durch mechanisches Abreiben etwas tiefer gelegt, gut sichtbar.

Die Beständigkeit des kathodischen Laufflächenreliefs ermöglicht die Übertragung beliebiger Stromstärken, wenn nicht durch andere Umstände der Strombelastung Grenzen gesetzt sind, etwa durch Aufglühen der Bürsten, Abschmelzen der Kabel oder überhaupt durch die Temperatur der ganzen Vorrichtung zur Stromübertragung.

Die Erhaltung des ursprünglichen Laufflächenreliefs macht eine weitere Eigenschaft der Kathode verständlich, daß nämlich der Spannungsabfall unter den Kathoden nicht merklich vom Auflagedruck beeinflußt wird. Es sind eben immer harte Bestandteile in genügender Zahl zur Stromübertragung vorhanden.

Unter der kathodischen Bürste ist der Kommutator anodisch polarisiert. Im Abhebebogen wird das Kommutatorkupfer anodisch verdampft. Das Kupfer wandert zur kathodischen Bürste. Tatsächlich verschleißen Kommutator und Schleifringe bei anodischer Polarisierung unverhältnismäßig stärker, als bei kathodischer Polarisierung. Im folgenden Abschnitt »Die Abnutzung des Kommutators« werden diese Erscheinungen genauer behandelt.

Infolge der Erwärmung im Abhebebogen tritt außerdem Oxydation der Kommutatorfläche ein. Stärker oxydierend wirkt die Elektrolyse der Feuchtigkeitshaut. Man findet immer wieder, daß die Bahnen unter den Kathoden sich oxydieren, während die Bahnen unter den Anoden hell bleiben. Das gilt so lange, solange die Wirkung von Abhebebogen und Lichtbogen nicht die Wirkung der Elektrolyse übertönen. Überwiegt die Wirkung von Lichtbogen und Abhebebogen, dann werden auch die Bahnen unter den Kathoden vom übertragenen Graphit und Kohlenstoff geschwärzt.

In Ergänzung zu den Unterabschnitten »Anodische Strombelastung« und »Kathodische Strombelastung« ist noch folgendes zu sagen. Die Übertragung von Kohlenstoff auf den Kommutator ist auch dadurch möglich, daß feinste Kohlenstoffteilchen aus dem Innern des porösen Kohlematerials durch die plötzliche Entgasung als Folge der plötzlichen Erhitzung der Umgebung des Kontaktpunktes herausgeschleudert werden. In diesem Falle spielt die Luftfeuchtigkeit sicherlich eine große Rolle, insofern gerade das von der Kohle adsorbierte Wasser beträchtliche Dampfmengen abgeben kann. Oder aber es werden Teilchen, die in den Basisflächen des Lichtbogens oder Abhebebogens locker sitzen, zersprengt und auf die Kommutatorfläche geschleudert. Daß derartige Vorgänge stattfinden, dürfte wohl durch den Befund bestätigt werden, daß häufig neben der Laufbahn der Bürste auf dem Kommutator diffuse Säume von zerstäubtem Kohlenstoff sich bilden. Derartige Säume

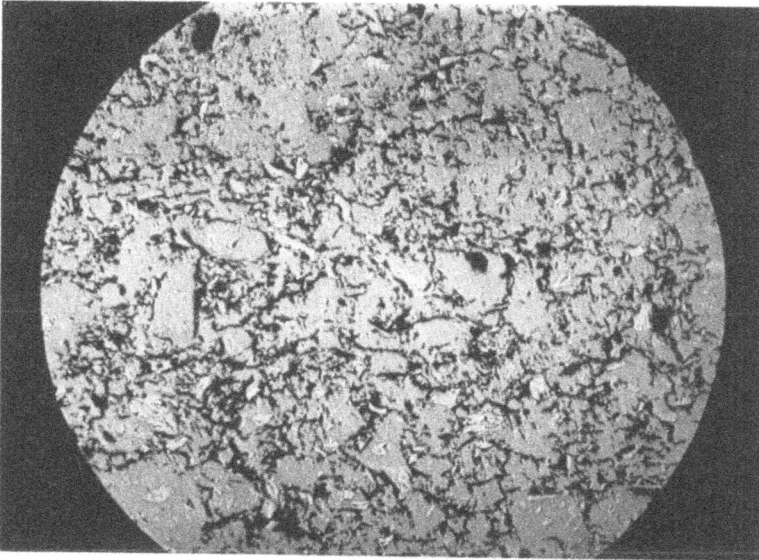

Schliffbild einer Kunstkohle.
Helle Teile: Graphit, dunkle Teile: harter Koks.

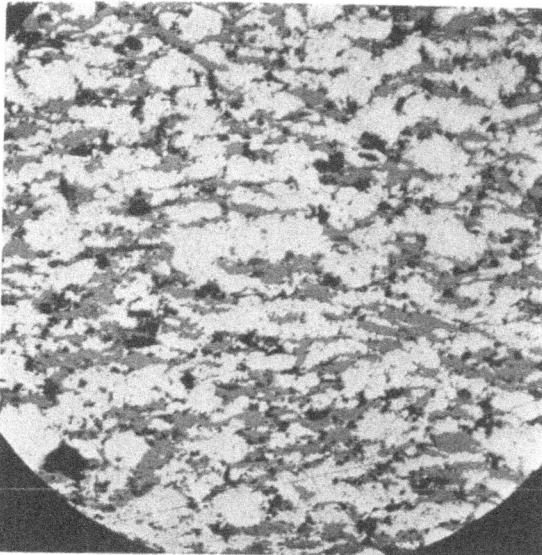

Schliffbild eines Metallgraphitkörpers.
Helle Teile: Kupfer, dunkle Teile: Graphit.

finden sich bei nach Polarität getrennten Laufbahnen sowohl an der anodisch wie auch kathodisch polarisierten Kommutatorlaufbahn.

Zusammenfassung. Zusammenfassend ist am Ende des Abschnittes zu sagen, daß die Glätte und Farbe der Gleitflächen sehr stark vom Stromdurchgang beeinflußt wird. Der Stromdurchgang zerstört die Glätte der Gleitflächen. Ferner ändert der Stromdurchgang die Farbe der Kommutatorpolitur erstens durch Übertragung von Graphit und Kohlenstoff von der Bürste auf die Kommutatorfläche und zweitens durch Oxydation der Kommutatorfläche. Graphit und Kohlenstoff wandern von der Anode zur Kommutatoroberfläche, wenn die Strombelastung hoch ist. Die übertragene Menge wird größer bei steigender Luftfeuchtigkeit. Der Kohlenstoff und Graphit wandern nicht in Ionenform, wie etwa in der Elektrolyse oder in der Gasentladung, sondern in Form von größeren unelektrischen Teilchen, die infolge elektrischer Auflockerung des harten Bindegefüges mechanisch vom Kommutator abgerieben werden. Auch die Kathode kann Graphit und Kohlenstoff auf den Kommutator übertragen, und zwar dann, wenn Lichtbogen und Abhebebogen durch teilweise Verbrennung das Gefüge der Bürstenfläche lockern. Überwiegt dagegen die Elektrolyse der Feuchtigkeitshaut unter der kathodischen Bürste, dann bildet sich eine Oxydhaut auf der Kommutatorfläche.

5. Die Abnutzung des Kommutators.

Die Abnutzung des Kommutators kann erstens rein mechanisch ohne Mitwirkung des Stromes erfolgen, zweitens mechanisch, aber mit Unterstützung des Stromes, und drittens rein elektrisch ohne Mitwirkung des mechanischen Abriebes.

Die stromlose Abnutzung des Kommutators ist unbedeutend, selbst wenn eine Bürstenmarke mit sehr harten Bestandteilen verwandt wird. Sitzen aber die Bestandteile in einem lockeren Gefüge, dann können diese vom Kommutator leicht herausgerissen werden. Die Bürste ruht nur auf den harten Teilchen der Lauffläche und drückt sie daher mit hoher Flächenpressung gegen das Kommutatorkupfer. In solchen Fällen tritt eine ungewöhnliche Abnutzung des Kommutators auf, die als »Kommutatorverreibung« im Bahnbetrieb bekannt und gefürchtet ist. Von Betriebsleuten wird berichtet, daß die Kollektorverreibung nur bei stromloser Fahrt auftritt, besonders dann, wenn eine große Überlastung, d. h. in der Sprache der vorliegenden Abhandlung, eine starke elektrische Aufrauhung der Bürsten- und Kommutatorfläche vorausgegangen ist. Normalerweise ist jedoch die Abnutzung des Kommutators im stromlosen Zustand gering. So lange die Gleitflächen nach dem Einschleifen noch rauh sind, wird natürlich Kupfer von der Bürstenfläche stromlos abgerieben. Insbesondere schleift Marke *A* mit ihrem hohen Gehalt an harten Bestandteilen die relativ locker sitzenden Kupferteilchen ab. Nach längerer Laufzeit polieren sich jedoch die Oberflächen, so daß kein Zerdrücken oder Verzahnen der feinen Flächenvorsprünge mehr möglich ist. Auch entwickelt sich im Leerlauf bereits als Folge der Reiboxydation eine Oxydpolitur, die die unmittelbare Berührung von Metall und harten Bestandteilen der Bürste verhindert. Zwar setzt sich die Abnutzung des Kommutators auf dem Wege über das Oxyd fort, aber diese Abnutzung ist geringer als die unmittelbare Abtrennung des Kommutatorkupfers durch zu harte Kohlebestandteile der Marke A und zu harte Verunreinigungen der Marke B. So wie der auf dem Kommutator abgesonderte Kohlenstoff eine Schutzschicht darstellt, die eine direkte Berührung von Kommutator und Laufflächen der Bürsten verhindert, so ist auch die Oxydhaut eine Schutzschicht, die eine direkte Berührung des Kommutatorkupfers und der harten Bestandteile der Kathoden verhindert. Diese Schutzwirkung der Oxydhaut ist bekannt bei Abnutzungsprüfungen von Stahl- und Bronzelagern, die ohne Schmierung arbeiten. Tritt die Oxydhaut auf, dann ist die Abnutzung sehr gering. Nach einiger Zeit löst sich jedoch der Überzug ab und die Abnutzung steigt wieder an.

Die mechanische Abnutzung des Kommutators unter Mitwirkung des Stromdurchganges ist nun weit größer als die stromlose Abnutzung. Bürsten, die unter Strom den Kommutator angegriffen hatten und Kupfer unter der Lauffläche zeigten, haben stromlos nicht die Spur von Kupfer angenommen. Kommutatoren, die bei langer Betriebszeit mit Halblast keine oder nur geringe Riefenbildung aufwiesen, zeigten diese deutlich nach einer gleichen Betriebszeit unter Vollast. Die mechanische Abnutzung des Kommutators unter Mitwirkung des Stromes wird im folgenden auf Grund der Vorstellung behandelt, daß die stärkere Abnutzung des strombelasteten Kommutators eine Folge der Zerstörung der glatten Oberfläche durch den Stromdurchgang ist. Zuerst werden die Erscheinungen bei anodischer Polarisierung des Kommutators und dann diejenigen bei kathodischer Polarisierung des Kommutators beschrieben.

R. Holm teilt mit (Zur Theorie der ruhenden metallischen Kontakte, Veröffentlichungen aus dem Siemens-Konzern, X. Band, 4. Heft 1931), daß dünne Fremdschichten, wie etwa Oxydhäute, schon von ganz geringen Spannungen durchschlagen werden. Vom anodisch polarisierten Muttermetall wandern Lockerionen in die Oxydschicht und bauen in den Rissen metallische Brücken, die dann beim Durchschlag zu einem kompakten Faden zusammenfritten. Die Fritterspannung beträgt für dünne Schichten nur 1 bis 2 Volt. Man kann sich also denken, daß auf dem anodisch polarisierten Kommutator die Oxydhaut bereits unter dem Einfluß der Übergangsspannung dem Kommutator Kupfer entzieht, das in dieser Form leichter von den harten Bestandteilen des kathodischen Laufflächenreliefs zusammen mit dem Oxyd angefaßt wird. In den An-

fängen der Radiotechnik wurde auch der heiße Oxydfritter von Horne-
mann als Kohärer benutzt. Dieser bestand aus einem oxydierten Kupfer-
blechstreifen, gegen den ein Bleistreifen drückte. Bei Erwärmung mit
einer Flamme wurde die Kombination leitend. Bei stärkeren Stromimpulsen trat Frittung, also metallische Leitung auf, die, wie bei vielen
anderen Kohärern nur durch Beklopfen beseitigt werden konnte. Je
schneller nun die Neubildung von Oxyd auf Kommutatoren durch die
Zersetzung der Wasserhaut erfolgt, um so häufiger treten auch die Frittereffekte auf. Es ist also so zu verstehen, daß die stromlos nur äußerst
geringfügig sich abnützende Oxydhaut durch die Frittung von Metall-
fäden ihre Glätte verliert und damit den Bürsten den Angriff erleichtert.
Ferner ist zu verstehen, daß hohe Luftfeuchtigkeit den Vorgang beschleunigt.

Stärker zerstörend dürfte aber der Abhebebogen bei der Kontakttrennung wirken. Durch die anodische Verdampfung wandert Kupfer
in Ionenform zur kathodischen Bürste. Ein Beispiel für die Übertragung
von Metall auf die Kathode in Ionenform gibt G. H. Taylor (Sur quelques
effets anormaux dus au passage du courant entre les balais et les bagues
des machines électriques. Rev. générale de l'Electricité, tome XXIX,
Nr. 26, aus dem Englischen übersetzt von Vellard, und Phenomena
Connected with the collection of current from commutators and sliprings,
Journal of Institution of Electrical Engineers, Oct. 1930) an. Er beobachtete, daß bei 200 bis 300 Amp. pro Bürstenexemplar der Strom
sogar vom ruhenden Ring Metall in feinster Verteilung auf die kathodische
Bürste übertrug. Obwohl es sich um einen gelblichen Phosphorbronze-
ring handelte, war doch nur Kupfer auf der Kathode zu sehen. Es ist
aus der Elektrolyse bekannt, daß sich im Falle legierter Anoden nur
unter ganz bestimmten Konzentrationsverhältnissen der Ionen im Elektrolyten die Legierung an der Kathode wieder abscheidet. Diese Bedingungen sind nur selten genau erfüllt, sodaß sich immer eine Komponente
bevorzugt abscheidet. Ähnlich wird es den Ionen im Gas ergehen. Da
also kein mechanischer Abrieb vorliegt und da außerdem die Komponen-
ten der Legierung zerlegt werden, kann nur ein Ionentransport stattge-
funden haben. Außerdem beobachtete Taylor, daß die Gestalt des ab-
geschiedenen Kupfers rundlich war im Gegensatz zu dem Befunde an
Bürsten auf rotierenden Schleifkörpern.

Auf diesen Bürsten findet man die Legierung in der ursprünglichen
Zusammensetzung des Schleifkörpers wieder, aber als kleine Teilchen
mit scharfen Ecken, Zacken und anderen Spuren mechanischer Deformation. Offenbar hat die Bürste die durch anodische Belastung aufge-
rauhte Kommutatorfläche mechanisch angegriffen, indem sie mit ihren
harten Bestandteilen die Flächenrauhigkeiten abgeschert hat.

Durch die Elektrolyse der Feuchtigkeitshaut wird der anodisch
polarisierte Kommutator besonders stark oxydiert. Damit häufen sich

die Frittereffekte und damit die Aufrauhung der Kommutatoroberfläche. Es folgt daraus, daß die Abnutzung des Kommutators mit steigender Luftfeuchtigkeit wächst.

Ein Beispiel für diese Vorgänge bietet das Tatzlager von Straßenbahnmotoren. Besteht die Lagerschale des Tatzlagers aus Bronze, so findet man häufig auf der Stahlwelle einen Niederschlag aus Bronze. Der Strom, der von der Lagerschale zur Welle fließt, muß den Ölfilm durchschlagen. Die anodische Aufrauhung auf der Bronzelagerschale wird von der harten Stahlwelle abgeschliffen, sodaß sich also die Legierung in der ursprünglichen Zusammensetzung wiederfindet. Ähnliche Vorgänge werden an der mit Öl geschmierten Bronzerolle, die den Strom von der Oberleitung nimmt, beobachtet. Auch hier nimmt der Stahlzapfen mitunter Bronze von der auf ihm gleitenden Rolle an.

Die drei Bürstenmarken A, B und C verhalten sich nun verschieden gegen die rauhe Oberfläche des Kommutators. Die harte Marke A schleift die Flächenrauhigkeiten ab. Diese Funktion übernehmen die harten, etwas vorspringenden Gefügebestandteile des Laufflächenreliefs. Insbesondere schabt das härtere Laufflächenrelief der Kathode das aufgelockerte Kupfer ab. Man kann hier zum Vergleich die elektrische Metalltrennmaschine heranziehen die, mit Gleichstrom betrieben, das anodisch polarisierte Arbeitsstück mittels einer kathodisch polarisierten, glatten, rotierenden Stahlscheibe durchschneidet. So findet sich gerade auf den Laufflächen der Kathoden das Kupfer in Form von kleinen Flitterchen oder von Nestern aus Kupferkörnern. Manchmal sind größere Flächenteile ganz mit dünnen Kupferblättchen von erheblicher Ausdehnung bedeckt. Es sieht so aus, als ob ursprünglich kleine, auf der Kathode festhaftende Kupferteilchen durch metallisches Fressen von der aufgelockerten Kommutatorfläche Zuwachs an Kupfer erfahren. Bei großen Stromstärken tritt natürlich auch Kupfer in Ionenform über, um an dem vorhandenen metallischen Keim anzuwachsen. Gemäß dem Gesetz von der Erhaltung des kathodischen Laufflächenreliefs bei Abwesenheit von Lichtbögen ist das Nebeneinander von Kupfer und Kohle elektrisch stabil. Doch werden nach einiger Zeit die Kupferteilchen so weit aus der Lauffläche herausragen, daß der Zustand mechanisch nicht mehr stabil ist. Die zu weit vorstehenden Teilchen werden vom Kommutator aus der Lauffläche herausgezerrt. Dabei hinterlassen sie auf der Bürstenfläche eine Kratzspur vom Ursprungsort bis zum ablaufenden Bürstenrande hin. Das Aussehen dieser Spur mit dem noch im Ursprungsort vorhandenen Kupferrest hat zu der Bezeichnung Kometen geführt. Wird jedoch die Bedingung des Lichtbogens bei der Kontakttrennung erfüllt, dann ist das Laufflächenrelief der Kathode nicht mehr beständig. Das mechanisch aufgenommene Kupfer wird kathodisch zerstäubt. Es findet sich dann nur in ganz winzigen Körnchen in den Poren der Lauffläche. Der schnelle Abtransport des Kupfers verhindert dann auch die Entstehung von kometenartigen Gebilden. So findet man auf den Kathoden von schnellaufenden Turboerregermaschinen nur selten Kupfer und wenn es sich vorfindet, nur in feinster Form in den Grübchen der Lauffläche. Auch sind in diesem Falle bisher keine Kometen beobachtet worden.

Marke *B* schabt nur mit den harten Verunreinigungen die anodischen Aufrauhungen ab, so daß die Abnutzung des Kommutators nur in feinen Riefen auftritt. Im übrigen gilt auch das, was für *A* gesagt worden ist.

Marke *C* verhält sich den Aufrauhungen gegenüber völlig neutral. In der Tat beobachtet man an diesen Kohlen praktisch keinen Kupferniederschlag, wenn nicht etwa vereinzelte harte Gefügebestandteile auftreten.

Wandert unter dem Einfluß des Stromdurchganges Graphit und Kohlenstoff von der aufgelockerten Bürstenfläche zur Kommutatorfläche, so wandert auch das Kupfer von der aufgelockerten Kommutatorfläche zur Bürstenfläche. Immer wieder wird die Feststellung gemacht, daß sich Kupferteilchen auf der Lauffläche der Kathoden finden, während die Anoden in den allermeisten Fällen frei von Kupfer sind. Gleichzeitig beobachtet man, daß die unter den Kathoden anodisch polarisierte Kommutator- oder Schleifringfläche sich in Form von Riefen, Rillen oder auch breiten Mulden abnutzt. Unter den Anoden stellt man eine nur unbedeutende Abnutzung fest. Die Erscheinung der polaren Abnutzung des Kommutators wird mitunter sehr sinnfällig, wenn etwa auf kleineren Maschinen einzelne Anoden und Kathoden auf getrennter Laufbahn des Kommutators laufen. Man beobachtet dann schon millimetertiefe Fahrbahnen unter den Kathoden, während der Kommutator unter den Anoden noch den ursprünglichen Durchmesser aufweist.

Das Kupfer tritt um so stärker von dem anodischen Kommutator auf die kathodische Bürste über, je feuchter die Luft ist. In verschiedenen Fällen wird das Kupfer auf der Kathode überhaupt erst bei Eintritt von feuchter Witterung beobachtet.

Die Kommutatoroberfläche kann auch von der kathodischen Strombasis aufgerauht werden. Wird nämlich die Bedingung des Lichtbogens bei Kontakttrennung erfüllt, so wird das Kupfer in der auf dem Kommutator festhaftenden kathodischen Strombasis durch Ionenstoß verdampft. Man kann das deutlich an der grünen Farbe des außerhalb der Bürstenfläche brennenden Lichtbogens erkennen. Das kathodisch zerstäubte Kupfer färbt den Lichtbogen grün. Ein Teil des äußerst fein verteilten Kupfers erreicht, mechanisch fortgetrieben, im Schutze der Lichtbogensäule die anodische Strombasis und findet sich dann als dünner Anflug auf der ablaufenden Seitenfläche der Bürste wieder. Meistens wandelt sich dieses äußerst fein verteilte Kupfer in feuchter und Kohlensäure enthaltender Luft in grünes basisches Kupferkarbonat um. Man beobachtet dann einen grünlichen Saum auf der Seitenfläche der Bürste nahe an der ablaufenden Kante.

Die bei der Kontakttrennung im Falle ausreichender Spannung auftretende kathodische Zerstäubung des Kommutatorkupfers stellt bereits einen Fall rein elektrischer Abnutzung des Kommutators ohne Mitwirkung des mechanischen Abriebes dar. Genau so ist auch der Substanzverlust, der durch anodische Verdampfung im Abhebebogen entsteht, als eine rein elektrische Abnutzung des Kommutators anzusehen. Nun kommt es aber zu einer Kontakttrennung oder Kontaktlockerung nicht nur durch Bewegung der Kontaktstücke. Es können isolierende oder schwerleitende Trennschichten einen rein elektrischen Substanzverlust sowohl auf der Anode als auch auf der Kathode erzeugen. So wird allgemein beobachtet, daß bei starker Fettung des Kommutators oder der Bürsten feinverteiltes Kupfer an den Bürsten zu sehen ist, das vorher ohne Fettung nicht beobachtet wurde.

Genau so wie Fett wirken kontakthemmende Fremdschichten. Die Bürstenmarke C deckt sehr leicht die schwerleitende Oxyd- und Wasserhaut auf dem Kommutator mit Graphit zu. Es bleiben nur wenige schmale aktive Kommutatorbahnen übrig. Man erkennt diesen Vorgang äußerlich an der streifigen Politur des Kommutators. Dunkle graphitische Streifen wechseln mit hellen kupferfarbenen Streifen ab. Die Bürstenteile, die auf den graphitischen Streifen gleiten, sind rauh. Der eigentliche Stromübergang findet in den hellen kupferfarbenen Bahnen statt. Die Bürste wird von den Graphitstreifen getragen und schwebt deshalb in einem winzigen Abstand über den schmaleren, helleren Streifen. Bei anodischer Polarisierung des Kommutators kann also im Abhebebogen Kupfer durch anodische Verdampfung zur Bürste übertreten. Bei kathodischer Polarisierung tritt kathodische Zerstäubung des Kommutatorkupfers auf, wenn die Bedingung des Lichtbogens erfüllt wird. Das ist hin und wieder möglich, wenn etwa in einem bestimmten Augenblick alle Berührungskontakte versagen und der Strom bei ausreichender Netzspannung den Abstand überbrücken muß. Ein ähnlicher Verschleiß des Kommutators tritt auf, wenn der Glimmer erhaben über dem Kommutator steht. Die rein elektrische Abnutzung des Kommutators ist nur der Bürstenmarke C eigen. Es gibt auch besondere Bürstenmarken, die aus einem Gemisch von Isoliermaterial und Graphit bestehen. Derartige Bürsten können leicht durch Distanzierung der leitenden Kontaktteile zu rein elektrischem Substanzverlust im Abhebebogen und Lichtbogen führen. Es klingt nun nicht mehr paradox, wenn man sagt, daß man eine härtere Bürste nehmen muß, um die Abnutzung des Kommutators zu vermindern.

Zusammenfassung. Zusammenfassend ist also folgendes zu sagen: Der Kommutator nutzt sich durch den mechanischen Angriff der Bürsten ab. Man findet im stromlosen Lauf bereits Kupfer und Kometen unter den Bürstenflächen. Dieser Effekt ist um so größer, je härter die Bürsten und je höher die Umfangsgeschwindigkeit ist.

Der Stromdurchgang zerstört die Oberflächenglätte des Kommutators, besonders dann, wenn der Kommutator anodisch polarisiert ist. Die Aufrauhung tritt bei Berührung durch den Frittereffekt in der Oxydhaut und bei Kontakttrennung durch anodische Verdampfung auf. Wenn die Bedingung des Lichtbogens erfüllt ist, dann kann auch das Kommutatorkupfer kathodisch zerstäubt werden. Die Flächenrauhigkeit erleichtert den Bürsten den Angriff auf das Kupfer des Kommutators. Je höher die elektrische Belastung ist, um so größer ist also die Abnutzung des Kommutators. Ferner gibt es eine rein elektrische Abnutzung des Kommutators ohne Vermittlung des mechanischen Abriebes. Diese tritt auf, wenn der Abhebebogen und Lichtbogen auf Flächenteile wirkt, auf denen durch Distanzierung der Kontaktflächen der mechanische Abrieb vermindert ist.

Daß das vom Kommutator losgetrennte Kupfer sich vorwiegend auf den Kathoden findet, liegt daran, daß eine aus Kupfer und Kohle zusammengesetzte Lauffläche kathodisch polarisiert stabil ist, anodisch polarisiert aber das Kupfer abgibt.

6. Fleckenbildung auf Schleifringen und Kommutatoren.

Die Abnutzung des Kommutators ist mitunter an einzelnen Stellen des Umfangs stärker als an anderen. Es bilden sich Vertiefungen, die durch zerstäubten Kohlenstoff schwarz gefärbt sind. Man spricht in solchen Fällen von Brandflecken.

Zunächst sollen hier die Beobachtungen an Schleifringen mitgeteilt werden, da die hier vorliegenden einfacheren Verhältnisse einen klaren Einblick gestatten.

Es bietet sich in der Praxis reichlich Gelegenheit zu beobachten, daß unrund laufende Schleifringe besonders bei hoher Drehzahl zu Fleckenbildung neigen. Schleift man den Ring gründlich ab, sodaß also die örtliche Vertiefung des Fleckens verschwindet, und erhöht man den Auflagedruck, so bleibt die Fleckenbildung aus. Die Ursache der Fleckenbildung ist also ein Kontaktunterbrechung oder Kontaktlockerung. Es entsteht ein Abhebebogen oder Lichtbogen je nach den vorliegenden Bedingungen. Durch die häufige Wiederholung an derselben Stelle der Ringfläche stellt sich ein örtlicher Mehrverbrauch, also eine Vertiefung, ein. Einmal angefangen verstärkt sich die Erscheinung, indem die ursprüngliche Unebenheit vergrößert wird.

Soweit die Praxis erkennen läßt, ist die Fleckenbildung in den meisten Fällen auf anodische Verdampfung im Abhebebogen zurückzuführen. Die Erscheinung zeigt sich ausschließlich an den anodisch polarisierten Schleifringen, wenn diese mit Gleichstrom belastet sind. Sind nun mehrere Bürsten parallel geschaltet, so muß der Strom des über der Unebenheit abgeschalteten Exemplars von den anderen Exemplaren plötzlich mit übernommen werden. Es entsteht ein Fleckenbild auf dem Schleifring, das genau der Verteilung der Bürsten entspricht. Auf die Dauer kann sich dann das Fleckenbild mehrfach einstellen, und zwar von jedem Flecken einzeln ausgegangen, ein vollständiger Abdruck der Bürstenverteilung. Jedoch erscheint das Fleckenbild trotz längerer Laufzeit meist nur einfach. Es wird nun eine Erklärung für die Entstehung des Fleckenbildes und für seine Einmaligkeit zugleich gegeben. In der Parallelschaltung von mehreren Bürsten verteilt sich der Strom ungleichmäßig auf die einzelnen Exemplare. Es kommt vor, daß ein Exemplar fast den ganzen Strom übernimmt. Die anderen Bürsten nehmen nur wenig oder gar keinen Strom, weil entweder die Laufflächen durch Öl oder Fett verschmutzt sind oder nicht genügend harte Bestandteile gerade in den Laufflächen aktiv sind, oder weil die Bürsten in der Führung des Halterkastens gehemmt sind, so daß der Auflagedruck nicht zur Wirkung kommt. Reagiert nun das eine in der Stromübertragung dominierende Exemplar auf eine einzige, stärker ausgeprägte Unebenheit des Ringes, so fällt die erhebliche Überlast schlagartig auf die anderen undisponierten Exemplare und erzwingt sich den Stromdurchgang durch einen Durchschlag durch die isolierenden Häute wie Fett, Öl oder Oxyd, oder durch einen Überschlag über eine Trennstrecke bei gehemmter Führung. Jedenfalls aber führen Durchschlag oder Abhebebogen zu einer starken örtlichen anodischen Aufrauhung und Verdampfung des Ringmaterials.

Außerordentlich häufig tritt diese Erscheinung an den Stahlschleifringen der Turbogeneratoren auf, und zwar soweit die vorliegenden Beobachtungen erkennen lassen, ausschließlich an dem anodisch polarisierten Minusring. Die pro Schleifring zu übertragenden Stromstärken betragen vielfach einige Hundert Ampère, so daß also leicht die anodische Substanzabnutzung eintreten kann. Ferner ist die weitere Bedingung, nämlich ungleichmäßige Stromverteilung, in diesem Falle sehr häufig erfüllt, insofern der Öldunst die Bürstenlaufflächen verschmiert und damit die ganze Ringbestückung äußerst selektiv macht. Ein kräftiges Abschleifen des Ringes und Beseitigung der Selektivität durch Fernhalten des Öldunstes genügt erfahrungsgemäß, um die Erscheinung zu beseitigen. Die vorstehende mechanische Erklärung dürfte den Tatsachen eher entsprechen als eine andere, die die Ursache des Fleckenbildes in Stromschwankungen des Erregerkreises sucht. Das inverse Drehfeld eines Einphasengenerators induziert in dem Induktor einen Wechselstrom von doppelter Frequenz. Wird nun ein Drehstrom-Turbogenerator unsymmetrisch belastet, so tritt ein solches inverses Drehfeld auf, das Stromschwankungen von doppelter Frequenz im Erregerkreis zur Folge hat. Erzeugt jedes Strommaximum einen Flecken, so müssen auf dem Schleifring eines 3000tourigen Drehstromgenerators 2 Fleckenbilder auftreten, die auf einem Durchmesser liegen. Tatsächlich findet man

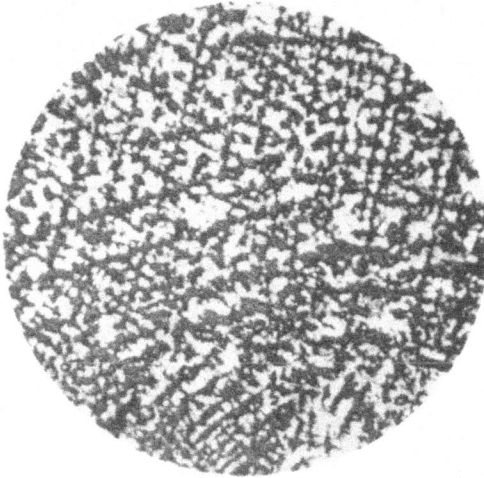

Kupfer-Zink-Zinn-Bronze.
Die verschieden zusammengesetzten Mischkristalle sind durch
Hell- und Dunkeltönung leicht zu unterscheiden.

Eigenartige schräggerichtete Aushöhlungen in der Lauffläche von Bürsten
auf Stahlschleifringen. Diese entstehen durch Auflösen von Kohlenstoff
in den glühenden abspringenden Stahlteilchen.

meist aber nur ein Fleckenbild oder, wenn mehrere vorhanden sind, eine Anordnung der Fleckenbilder, die nicht den Schwankungen des Erregerstroms entspricht. Auf einem Einphasengenerator mit 2 Bürsten pro Ring fand sich beispielsweise nur 1 Flecken auf dem anodisch polarisierten Ring, obwohl 16 Flecken (750 n und 50 $\sim$) hätten vorhanden sein müssen, wenn die Stromschwankungen die Ursache der Flecken wären. Einen sehr deutlichen Hinweis auf die mechanische Entstehungsweise der Flecken gibt ein anderer Fall, bei dem es sich um einen Stahlring eines Synchronmotors von 187 n und Wechselstrom von 50 $\sim$ handelt. Es fanden sich auf diesem Ring nur 2 um 180^0 versetze Brandflecken, und zwar genau auf den überlappten Stoßfugen des aus zwei Teilen bestehenden anodisch polarisierten Ringes.

Es scheint auch, daß das Schleifringmaterial einen gewissen Einfluß auf die Fleckenbildung hat. Messingschleifringe scheinen infolge ihres hohen Gehaltes an dem leicht verdampfbaren Zink besondere Neigung zu haben, bei anodischer Polarisierung Flecken zu erzeugen. Das gleiche gilt für Bronzen mit Zinkgehalt.

Auch auf wechselstrombelasteten Schleifringen beobachtet man Fleckenbilder entsprechend der Bürstenverteilung. Bei den synchron laufenden Einankerumformern liegen die für den Ring anodisch gerichteten Strommaxima immer an derselben Stelle des Ringes. Eine stärkere Unebenheit an einer solchen Stelle verursacht in Verbindung mit ungleicher Stromverteilung über die parallel geschalteten Exemplare, daß das führende Bürstenexemplar durch seine Kontakttrennung auch die anderen zum Abdruck zwingt.

Ein anderes Beispiel, wo ein ausgeprägtes Strommaximum einen schwach angepreßten Bürstenkontakt trifft, ist der Magnetzünder von Explosionsmotoren. Man findet einen ganz markanten Flecken an den Stellen, wo der Stromimpuls den Schleifring oder die Verteilersegmente passiert. Es ist bemerkenswert, daß auch bei den Zündern die Steigerung des Auflagedruckes, also die mechanische Beruhigung des Kontaktes, die Fleckenbildung auf ein praktisches Minimum brachte. Der Anpreßdruck ist in diesen Fällen so gering, etwa 200 bis 300 g/Bürste, daß der Berührungskontakt sogar im Ruhezustande des Ringes nicht ohne Schädigung der Kontaktmaterialien, also Fleckenbildung, den Strom überträgt.

Die Fleckenbildung auf den Kommutatoren ist nun ohne weiteres zu verstehen. Selbst das als Kontaktmaterial ausgezeichnete Kupfer kann als Anode gegen eine Kohlebürste Brandflecken und Abflachungen aufweisen, und zwar dann, wenn die Bedingungen für den Abhebebogen erfüllt sind. In bezug auf den Strom ist die Bedingung um so leichter erfüllt, je mehr der Strom durch selektive Tätigkeit der Bürsten örtlich an einer Stelle konzentriert wird. Steht etwa an einer Stelle des Kommutators der Glimmer vor oder ist die Fahrbahn auf dem Kommutator an einer Stelle uneben, dann wird ein Abhebebogen unter dem stark belasteten Exemplar gezündet. Es entsteht eine Anfleckung auf dem Kommutator, und zwar jedesmal, wenn diese Stelle die kathodische Bürste passiert. Der Stromanteil dieser einen Bürste fällt dann schlagartig auf die weniger disponierten parallel geschalteten Bürsten derselben Spindel, so daß sich langsam der Kommutator in seiner ganzen axialen Breite an dem zugehörigen Segment schwärzt. Sind mehrere Spindeln pro Polarität vorhanden, so treten weitere Anfleckungen auf dem Kommutator unter den übrigen kathodischen Spindeln auf. Der über dem ursprünglich angefleckten Segment abgeschaltete Spindelstrom fällt schlagartig auf die übrigen Spindeln und führt dadurch zu einem Abdruck aller Kathoden auf dem Kommutator. Es entsteht so ein Fleckenbild, bei dem im Abstande der doppelten Spindelteilung angefleckte Lamellengruppen erscheinen, bei einer zweipoligen Maschine also eine, bei einer vierpoligen zwei auf einem Durchmesser liegende, bei einer sechspoligen Maschine drei um je 120⁰ versetzte, angefleckte Lamellengruppen. Ein derartiges Fleckenbild tritt um so leichter auf, je niedriger der Auflagedruck der Bürsten, je höher die Umfangsgeschwindigkeit des Kommutators und je mehr eine Bürstenmarke in Ermangelung harter Bestandteile zur Selektivität neigt. So konnte in der Tat beobachtet werden, daß ein Fleckenbild bei Verwendung der Marke C auftrat, das bei Marke A nicht vorhanden war.

Hier paßt ferner die Beobachtung hin, daß man durch einen leichten Fingerdruck auf ein Bürstenexemplar die funkenden Bürsten sämtlicher Spindeln der gleichen Polarität funkenfrei machen kann. Ferner ist zu erwähnen, daß bei Verwendung von Ausgleichsverbindungen mit den Punkten gleichen Potentials, also mit den anderen Spindeln gleicher Polarität, die geschilderte Erscheinung des Fleckenbildes ganz markant wird, wenn bei ungleicher Stromverteilung über die Spindeln die Ausgleichsverbindung an einer Stelle schadhaft oder gar unterbrochen ist.

Bei mangelhafter Kommutierung wird jede elektrisch ablaufende Lamellenkante angefleckt, so daß bei etwaiger Parallelschaltung von zwei Lamellen nur eine, und zwar die elektrisch ablaufende, angefressene Kanten zeigt.

Zusammenfassung. Zusammenfassend ist also zu sagen, daß Fleckenbildung auf Schleifringen und Kommutatoren eine örtliche Abnutzung ist, die überwiegend bei anodischer Polarisierung von Schleifring und Kommutator auftritt. Die Ursache der örtlichen Abnutzung ist eine an gleicher Stelle sich wiederholende Kontaktunterbrechung durch Abstand oder isolierende Häute. Das zweckmäßigste Mittel gegen Anfleckung ist die mechanische Verbesserung des Kontaktes durch eine der elektrischen Beanspruchung angemessene Drucksteigerung oder durch Fernhalten isolierender Beläge oder aber durch die Wahl einer Bürstenmarke mit mehr kontaktfähigen harten Bestandteilen.

7. Die Abnutzung der Bürsten.

Dieser Abschnitt »Die Abnutzung der Bürsten« kann in gleicher Weise gegliedert werden wie der Abschnitt 5 »Die Abnutzung des Kommutators«. Es gibt eine rein mechanische Abnutzung der Bürsten ohne Mitwirkung des Stromes, eine mechanische Abnutzung mit Unterstützung des Stromes und eine rein elektrische Abnutzung ohne Mitwirkung des mechanischen Abriebes.

Im stromlosen Lauf glätten sich Bürsten und Kommutator meist derart, daß eine Bürstenabnutzung gemessen wird, die nur ein Hundertstel oder ein Tausendstel der Abnutzung unter Strom beträgt. Gelegentlich kann die stromlose Abnutzung der Bürsten sehr stark anwachsen, wenn etwa die Oxydschicht von der Kommutatorfläche abblättert oder die Oberflächenglätte etwa durch Baustaub oder Straßenstaub gestört wird. Die rein mechanische Abnutzung vollzieht sich wohl so, daß die härteren Gefügebestandteile gelegentlich mit der Kommutatorfläche sich verzahnen und so abgeschert werden. Die weicheren Bestandteile liegen dann locker und können nun sehr leicht abgerieben werden. Unterstützt wird dieser mechanische Verschleiß dadurch, daß das harte keramische Bindegerippe infolge der mechanischen Durchknetung der Laufflächenschicht gelockert wird. Bei starken mechanischen Erschütterungen der Bürsten kann auf diese Weise das ganze Gefüge gelockert werden. Möglicherweise kann dieser Umstand mit zur Erklärung der Beobachtungstatsache herangezogen werden, daß Bürsten nach längerer Betriebszeit schneller verschleißen, als nach anfänglicher Messung bei der neuen Bürste festgestellt wurde.

Bei den graphitischen Bürstenmarken B und C unterstützt die Kristallstruktur des Graphits die mechanische Abnutzung. Es ist bekannt, daß Graphitteilchen sich bei hoher Pressung so orientieren, daß die kristallographisch größte Ausdehnung sich senkrecht zur Preßrichtung ordnet. Wenn man mit dem runden Messerrücken unter kräftiger Pressung über eine Graphitkohle fährt, beobachtet man, daß sich glänzende Blätter bilden. Für die Reibung ist diese Orientierung günstiger, da die bevorzugte Gleitebene in den Kristallen in der Richtung der Reibung liegt, also in der Richtung geringsten Widerstandes. Naturgemäß erhöht sich damit auch die Abnutzung der Bürste. Gelegentlich blättert diese Politurschicht der Bürstenfläche stellenweise ab oder es bilden sich kleine Blasen. Häufig beobachtet wird diese Erscheinung bei graphitischen Materialien, die als Gleitlager für relativ hohe Drucke benutzt werden.

Die Abnutzung der Bürsten bei stromlosem Lauf kann sehr groß werden, wenn Bürsten verwandt werden, die infolge ihrer Zusammensetzung und Struktur eine Glättung der Gleitflächen bei Stromlosigkeit oder geringer Stromdichte nicht zulassen. Solche Bürsten der Marke A enthalten sehr harte Bestandteile, die zu einem mechanischen Fressen auf der Kommutatorfläche führen. Sind solche Bürsten in der ganzen Struktur locker, so kann ein explosionsartig schneller Verschleiß auftreten. Eine solche Bürstenverreibung tritt immer gleichzeitig mit einer Kollektorverreibung auf, wie sie im Abschnitt 5 »Die Abnutzung des Kommutators« beschrieben ist. Je mehr harte Bestandteile eine Bürste hat und je lockerer das Gefüge ist, desto größer ist allgemein die Abnutzung der Bürsten im Leerlauf. Demnach verschleißt Marke *A* im stromlosen Lauf mehr als die Marken *B* und *C*.

Manchmal beobachtet man Bürstenverreibungen auf vollbelasteten Maschinen. Auf solchen Maschinen sind aber immer viele Bürsten parallel geschaltet. In Abschnitt 9 »Ungleiche Stromverteilung in der Parallelschaltung von Bürsten« wird gezeigt werden, daß in der Parallelschaltung einzelne Bürsten viel Strom, die anderen hingegen praktisch nichts aufnehmen. Von diesen äußerst schwach belasteten Bürsten kann eine mechanische Verreibung ausgehen.

Bekannt ist plötzlicher starker Verschleiß bei den metallhaltigen Bürsten, und zwar besonders bei den großen Ringbestückungen auf Einankerumformern. Der harte und manchmal lose Bestandteil ist das Metallpulver der Bürste. Metall auf Metall frißt natürlich leicht bei trockener Reibung. Es kommt vor, daß eine ganze Ringbestückung in kaum einer Minute verstaubt. Der Staub infiziert manchmal die Nachbarringe zu ähnlich schneller Abnutzung der Bürsten. Es kann die Verteilung Metall—Graphit in der Bürste stellenweise ungenügend sein. Oder die Bürste kann zu locker sein. Der Verreibung geht eine Farbänderung der Ringe voraus. Sie werden auf einzelnen Bahnen oder auf der ganzen Fläche metallblank.

Merkwürdig ist die weitere Beobachtung, daß derartige Erscheinungen vorwiegend bei Winterkälte auftreten. Amerikaner wollen erkannt haben, daß der geringe absolute Feuchtigkeitsgehalt der Luft die Ursache dieses abnormen Verhaltens der Bronzebürsten ist. Die kalte Außenluft wird in der Maschine gewärmt, so daß auch der relative Feuchtigkeitsgehalt der Luft in den Maschinenräumen niedrig ausfällt. Angeblich (E. F. Bracken, Humidity Control prevents A. C. Brush Disintegration. Electrical World, Sept. 23, 1933) wird die Luft in den Maschinenräumen einer großen Elektrizitäts-Gesellschaft in Amerika künstlich befeuchtet, wenn die relative Feuchtigkeit unter 18% sinkt. Diese Handlungsweise findet ihre Rechtfertigung darin, daß der Feuchtigkeitshaut der Oberfläche nicht nur eine negative, sondern auch eine positive Wirkung innewohnt. Die Feuchtigkeitshaut oder der durch die Feuchtigkeitshaut erzeugte Graphitbelag oder Oxydbelag bilden eine Trennschicht, die ein metallisches Fressen verhindern kann. Es mag hier noch erwähnt werden, daß sich bei längerem Aufenthalt in Räumen, in die kalte Frischluft durch warme Maschinen eingeführt wird, ein sehr starkes Durstgefühl einstellt.

Ein ganz ähnliches Verhalten wird von harten elektrographitierten Bürsten auf Einphasen-Wechselstrom-Kommutatoren des Vollbahnbetriebs berichtet. Es ist danach wiederholt an verschiedenen Stellen vorgekommen, daß bei sehr starkem Frost die Bürsten auf einem oder mehreren Motoren einer Lokomotive in verhältnismäßig kurzer Zeit verschlissen sind.

Die mechanische Abnutzung der Bürsten unter Mitwirkung des Stromes ist nun im allgemeinen viel größer als die stromlose Abnutzung. Die stärkere Abnutzung der strombelasteten Bürsten wird nun auf Grund der Vorstellung behandelt, daß die Gleitflächen durch den Stromdurchgang ihre Glätte und Festigkeit verlieren. Zunächst werden die anodisch belasteten und dann die kathodisch belasteten Bürsten behandelt.

Die Anoden haben, wie im Abschnitt 4 »Die Politur der Gleitflächen« gezeigt wurde, die Tendenz, die harten Bestandteile aus der Lauffläche auszusondern, und zwar um so mehr, je höher die Strombelastung ist und je geringer die Anzahl der harten Bestandteile ist. Es bleibt eine lockere, leicht zerreibliche Graphitmasse in der Lauffläche übrig. Unter gleichen Verhältnissen nutzen sich also die Anoden der Marke C stärker ab, als die Anoden der Marken A und B. Wenn an der kathodischen Bürste keine kathodische Verbrennung oder Zerstäubung durch Lichtbogen auftritt, so ist auch die Abnutzung der Anoden größer als die der Kathoden gleichen Materials. Besonders auffällig wird dieses Verhältnis der Abnutzung beider Polaritäten bei hochbelasteten Metallgraphitbürsten auf Niederspannungsmaschinen der Galvanotechnik. So konnte bei einer nominellen Stromdichte von 36,5 Amp./cm² eine Abnutzung der Anoden festgestellt werden, die mehr als das Doppelte der Kathoden ausmachte. Wir wissen aus Abschnitt 4 »Die Politur der Gleitflächen«, daß die anodisch polarisierten Laufflächen der Metallgraphitbürsten sich sehr leicht entmetallisieren. Der übriggebliebene Graphit verliert seinen Halt und läßt sich so leicht abreiben. Die stärkere Abnutzung der Anoden tritt erfahrungsgemäß bei den Metallgraphitbürsten auf Niederspannungsmaschinen um so deutlicher auf, je höher die Strombelastung des Bürstenexemplars ist und je unruhiger der Kommutator läuft, je stärker also der anodische Substanzverbrauch im Abhebebogen ist.

Die Verschiedenheit der beiden Polaritäten kehrt sich um, wenn Spannungen und Abstände in der Übergangsfläche auftreten, die einen wirklichen Lichtbogen ermöglichen. So beobachtet man in der Tat, daß die Kathoden auf den kleinen Staubsaugermotoren oder Ventilatoren sich sehr viel stärker abnutzen als die Anoden. Die kathodische Lauffläche wird stärker aufgelockert, so daß der mechanische Abrieb leichter erfolgt. In dem Abschnitt 2 »Lichtbogen und Abhebebogen« wurden bereits die Gründe dargelegt, warum auf diesen kleinen Maschinen ein wirklicher Lichtbogen leicht zustandekommen kann.

Der Verschleiß der Anoden auf diesen kleinen Maschinen ist zwar geringer als der der Kathoden, aber im Vergleich zu dem Verschleiß der gleichen Bürstenmarke auf großen Maschinen ebenfalls recht hoch. Durch den unruhigen Lauf schrumpft die Hertzsche Fläche sehr häufig zu einem Punkt zusammen, so daß die örtliche Überlastung der einzelnen Kontaktpunkte nacheinander zu einer Auflockerung des Gefüges der Gleitfläche führt. Die Lauffläche wird aufgelockert und mechanisch leichter abgerieben. So kommt es, daß im ganzen die Abnutzung der Bürsten auf diesen kleinen Maschinen unverhältnismäßig viel größer ist, als auf großen Maschinen. Während auf großen Maschinen Verschleißwerte von 1 mm in 1000 Betriebsstunden nicht ungewöhnlich sind, gelten Verschleißwerte von 20 mm in 1000 Stunden für die kleinen Maschinen als vorzüglich.

Auch bei den Erregermaschinen von Turbogeneratoren hoher Drehzahl macht man die überraschende Feststellung, daß die Kathoden einige Zeit nach vollständiger Neubestückung im Durchschnitt kürzer sind als die Anoden. Bei diesen Maschinen sind, wie bereits mehrfach erwähnt, die Spannungen bei Kontakttrennung höher als die Minimalspannung des Lichtbogens und die Stromstärken pro Bürstenexemplar gewöhnlich relativ niedrig.

Der polare Unterschied der Abnutzung von Bürsten ist, von den aufgezählten Sonderfällen abgesehen, unter normalen Verhältnissen unmerklich. Der mechanische Abrieb übertönt den rein elektrischen Einfluß. Die Bürsten beider Polaritäten stehen zudem auf den gleichen Kommutatorbahnen, so daß die von einer Polarität erzeugte Rauhigkeit auf der Oberfläche des Kommutators auch auf die andere Polarität mechanisch einwirkt. Je lockerer außerdem das Bürstenmaterial von sich aus ist, um so mehr verschwinden die polaren Unterschiede.

Im allgemeinen steigt die Abnutzung der Bürsten mit der Zunahme der Strombelastung. Nur bei der Marke A wird ein anderes Verhalten beobachtet, sofern diese Neigung zur Verreibung hat. Bei diesen Bürsten nimmt zunächst die Abnutzung der Bürsten mit zunehmender Strombelastung ab, um nach Erreichen eines Minimums wieder anzusteigen. E. Starczewski und K. Töfflinger (Kohlenbürsten im elektrischen Betrieb, Zeitschrift Elektrische Bahnen, März 1926) haben auf Grund umfangreicher Messungen an Bürsten auf elektrischen Lokomotiven eine Kurve der Abnutzung von Bürsten in Abhängigkeit vom Zuggewicht in Tonnen aufgestellt. Diese V-förmige Kurve zeigt hohe Abnutzungswerte im Leerlauf, dann bei kleineren Belastungen ein Minimum, um dann weiter wieder mit der Belastung anzusteigen. Die Autoren weisen ausdrücklich auf den hohen Abnutzungswert im Leerlauf hin. Die Erklärung dafür besteht wohl im folgenden: Im Leerlauf nutzen sich die Bürsten schnell ab durch mechanische Verreibung. Die Ursachen der mechanischen Verreibung sind, wie bereits erläutert, lose Mahlteilchen, die zwi-

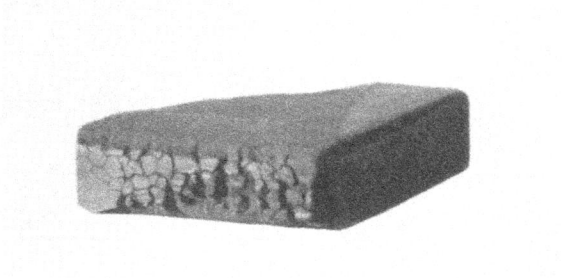

Bürste mit Schrumpfungsrissen in der Lauffläche.
Bürste ist nach der Lauffläche hin spitzgebrannt.

Seitliche Anfressungen von Bürsten durch Stromübergang zum Halterkasten.
Die Schmelzperlen des eisernen Halters haben Kohlenstoff gelöst.

schen die Gleitflächen geraten. Unter Strom dagegen werden die losen Teilchen sowie auch vorstehende Flächenrauhigkeiten erweicht. Die mechanische Verreibung wird zum Stehen gebracht. Bei einer gewissen Stromstärke erreicht die Abnutzung den kleinsten Wert. Wird nun aber die Stromstärke weiter gesteigert, so wird auch die Abnutzung durch den ungünstigen Einfluß des Stromdurchganges gesteigert.

Die Abnutzung der Bürsten unter Mitwirkung des Stromes steigt auch bei zunehmender Luftfeuchtigkeit, wie das ohne weiteres aus den Ausführungen in dem Abschnitt 4 »Die Politur der Gleitflächen« hervorgeht. Das trifft besonders für die Marke *C* zu.

Eine rein elektrische Abnutzung der Bürsten ohne Mitwirkung des mechanischen Abriebes trifft für die Bürsten nur selten zu. Eine solche Abnutzung kommt zustande, wenn die Bürste im Halter in ihrer Beweglichkeit gehemmt ist. Die Bürste hängt sich auf. Es entsteht ein Abstand gegen die Kommutatorfläche. Der Strom muß im Lichtbogen übertreten. Ein solches Vorkommnis ist äußerlich leicht an der Bürste zu erkennen. Durch die hohe Temperatur kann der Luftsauerstoff das Kohlematerial (500 bis 750° C abhängig von der Kornfeinheit) verbrennen, sodaß die Bürste, ähnlich wie eine Bogenlampenkohle, an den Seiten spitz brennt. Die Lauffläche selbst zeigt vielfach ein Netz von Rissen. Es handelt sich hier um Schrumpfungsrisse, da das Kohlematerial durch die örtliche hohe Temperatur an örtlich begrenzten Stellen zusammensintert. Besonders häufig tritt dieser Fall an Bürsten ohne Kabelverbindung auf. Durch den Stromübergang zwischen Halterkasten und Bürste schmilzt gelegentlich etwas Metall an den Führungswänden des Halterkastens. Solche Aufrauhungen hemmen die Beweglichkeit der Bürste.

Ein rein elektrischer Verschleiß kommt auch zustande, wenn die Bürsten auf Kommutatoren mit vorstehendem Glimmer laufen. Hier gilt für die Bürsten dasselbe, was für den Kommutator gesagt wurde, nämlich, daß eine mechanisch stärker angreifende Bürste gewählt werden muß, um die Abnutzung der Bürsten zu vermindern.

Man könnte als rein elektrischen Verschleiß der Bürsten auch den zusätzlichen Mehrverschleiß ansehen, der auftritt, wenn zwischen den Lamellen eine Transformatorspannung wirksam ist, wie bei den Wechselstromkommutatormaschinen. Der Mehrverbrauch an Bürstensubstanz durch die Transformatorspannung ist bemerkenswert. Rechnet man mit dem zur Zeit als zulässig erkannten Mittelwert von 0,3 mm Abnutzung auf 1000 Lokomotivkilometer und mit einer mittleren Leistung von nur 40 km pro Stunde, dann ergibt sich eine Abnutzung von 12 mm in 1000 Stunden, also ein beträchtliches Vielfaches der Abnutzung auf gut kommutierenden großen stationären Gleichstrommaschinen. Bei älteren, schlecht kompensierten Einphasen-Wechselstrommotoren sind in einem Betriebe Werte von etwa 200 mm Abnutzung in 1000 Stunden gemessen worden. Töfflinger (»Der Einphasen-Bahnmotor«, München und Berlin 1930) gibt an, daß ein Scheitelwert der Transformatorspannung von 8 Volt keine Schwierigkeit mache, daß aber ein solcher von mehr als 12 Volt unzulässig sei. Es ist bemerkenswert, daß der letztere Wert nahe an die Minimalspannung des Kupferkohle-Lichtbogens herankommt. Eine direkte Bestätigung für den Einfluß der parasitären Spannungen auf die Abnutzung der Bürsten geben Berchtenbreiter und Schweiger. Die Verfasser (»Kohle und Kommutator beim Vollbahnmotor«, November- und Dezemberheft 1930 der Zeitschrift Elektrische Bahnen) maßen die mittleren Spannungswerte, die zwischen zwei Punkten des Kommutators unterhalb der Bürstenfläche auftraten, und konnten so eindeutig feststellen, daß die Abnutzung der Bürsten mit den gemessenen Mittelwerten der Lamellenspannung ansteigt. In einem anderen Falle konnte die Abhängigkeit der Bürstenabnutzung von der Transformatorspannung dadurch erwiesen werden, daß man Repulsionsmotore mit halber Netzspannung und halber Leistung laufen ließ. Der Strom blieb für die Bürsten derselbe, aber die Transformatorspannung war auf die Hälfte reduziert worden. Die Bürstenabnutzung wurde dadurch auf weniger als ein Drittel reduziert.

Die Erklärung für den starken Einfluß der Transformatorspannung auf die Abnutzung der Bürsten dürfte wohl folgende sein.

Die Transformatorspannung erzeugt einen Querstrom von Kommutatorsegment zu Kommutatorsegment quer durch die Bürste. Liegt die Trennfuge der Segmente gerade unter der Hertzschen Fläche, dann ist der Querstrom groß. Sofort nach Verlassen der Hertzschen Fläche wird in der Staubzone oder Überschlagszone der Querstrom erheblich geschwächt oder ganz unterbrochen. Es tritt eine Selbstinduktionsspannung auf, die sich zu der noch auswirkenden Transformatorspannung hinzuaddiert. Es kann auf diese Weise sehr leicht die Minimalspannung des Lichtbogens erreicht werden, die nach der am Rande der Hertzschen Zone oder in der Staubzone erfolgten Kontaktzündung einen Lichtbogen unterhält. Oder es entsteht bei starken Querströmen ein Abhebebogen. Jedenfalls also kann durch die Querströme eine Abnutzung auftreten, ohne daß ein mechanischer Abrieb notwendig ist. Begünstigt wird die schnelle Unterbrechung des Querstroms durch Bewegungen der Bürste wie sie in Teil II beschrieben werden.

Nachdem nun die Abnutzung der Bürsten erstens als eine rein mechanische, zweitens als eine mechanische unter Mitwirkung des Stromes und drittens als eine rein elektrische beschrieben und begründet worden ist, sollen anschließend die in der Praxis üblichen Mittel zur Verminderung der Abnutzung der Bürsten beschrieben werden. Wenn allgemein die Kontakttrennung sich als die eigentliche Ursache des größeren Verschleißes bei Strombelastung sowohl bei den Anoden als auch bei den Kathoden erweist, so ist zu erwarten, daß die Verbesserung der Bürstenauflage auch eine Verminderung des Verschleißes nach sich zieht. Diese Vermutung ist auf einem anderen Gebiet wiederholt bestätigt worden, nämlich an der Oberleitung und den Schleifbügeln von Straßenbahnen. Arbeitet der Bügel mit einem zu geringen Anpreßdruck, so nutzt sich Oberleitung und Bügel sehr schnell ab. Genau dasselbe beobachtet man an Bürsten und Kommutator. Die gedrängte Konstruktion des Staubsauger- oder Ventilatormotors macht einen Bürstenhalter notwendig, bei dem die Druckfeder unmittelbar auf die Bürste drückt. Eine derartig einfache Ausführung hat den Nachteil, daß der Druck mit der Abnutzung der Bürste nachläßt und so häufigere und längere Unterbrechungen ermöglicht. Ähnliche Bürstenhalter findet man auch auf Drehstrom-Kollektormotoren. So beobachtet man allgemein, daß bei Haltern mit stark fallender Druckcharakteristik die Abnutzung der Bürsten bezogen auf eine Zeiteinheit mit der Abnutzung der Bürste selbst ansteigt.

Die Steigerung des Auflagedruckes hat ihre Grenzen. Steigert man den Auflagedruck, so sinkt der Verschleiß bis auf ein Minimum, um nach weiterer Steigerung des Druckes wieder anzusteigen, als Folge des erhöhten mechanischen Abriebes. Ein Versuch im Laboratorium ergab für wechselstrombelastete Metallgraphitbürsten auf Schleifringen, daß die Bürstenabnutzung in Abhängigkeit vom Auflagedruck eine V-förmige Kurve (s. Abb. 8) ergibt. Auf dem linken Zweig der V-Kurve überwiegt die elektrische Auflockerung der Kontaktflächen, während auf dem rechten Zweige der rein mechanische Abrieb überwiegt. Das Optimum liegt für jede Bürstenmarke, Stromdichte, Umfangsgeschwindigkeit und Unebenheit des Kommutators an einer anderen Stelle. Für A und B liegt das Optimum bei niedrigeren Druckwerten als für C.

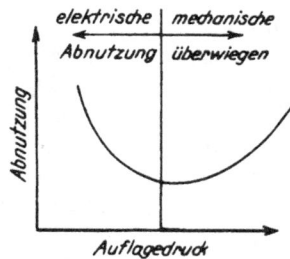

Abb. 8. Elektrische und mechanische Bürstenabnutzung in Abhängigkeit vom Bürstendruck.

Für lockere Bürsten sowie auch für geschlitzte Bürsten liegt das Optimum bei niedrigeren Druckwerten als für dichte und ungeschlitzte Bürsten gleicher Zusammensetzung. Für höhere Strombelastungen, höhere Umfangsgeschwindigkeiten und größere Unebenheiten liegt das Optimum bei höheren Druckwerten. Hierher gehört auch das Kuriosum, daß sehr dichte und feste Bürsten der Marke C unter Strom schneller verschleißen, als lockere Bürsten der Marke A oder B, während ohne Strom das umgekehrte Verhalten eintritt. Die starre Marke C arbeitet eben nur mit einer sehr beschränkten Zahl von Kontaktpunkten, die sich dann infolge Überlastung schneller abnutzen. Allgemein gültige Zahlenangaben sind hier begreiflicherweise unmöglich.

Man kann nun erwarten, daß die Abnutzung von Bürsten durch

Ölen oder Fetten des Kommutators wesentlich vermindert werden kann. Das ist für den Leerlauf bestimmt der Fall. Ferner auch für den Fall, daß nur mäßige Stromstärken übertragen werden oder nur mäßige Spannungen in der Übergangsfläche auftreten. Wird aber zu reichlich geschmiert, ist also der Öl- oder Fettfilm zu dick, dann dringt die Hertzsche Fläche nur mit einem kleinen Teil durch, weil ein Teil der Drucklast durch den Öl- oder Fettfilm aufgenommen wird. Die Stromdichte in den wirklichen Berührungspunkten wird zu groß und führt zu schneller Zerstörung. Bei hohen Spannungen in der Übergangsfläche wird der isolierende Film nebenher durchgeschlagen. Dabei wird das Öl oder Fett teilweise zu Kohlenstoff zersetzt. Es entsteht auf dem Kommutator eine schwarze, steife, schwerleitende Paste, die den Druck der Hertzschen Fläche ganz aufnehmen kann. Durch die nunmehr völlige Trennung der Kontaktflächen kann der Strom nur noch durch Überschläge übertreten mit der Wirkung, daß die Abnutzung der Bürsten größer wird. Die Marken *A* und *B* erweisen sich im allgemeinen weniger empfindlich gegen einen Öl- oder Fettfilm als die Marke *C*. Insbesondere *A* enthält genügend harte Bestandteile, die den Film zerkratzen. Dagegen neigt *C* leicht zu schneller Abnutzung bei Anwendung von Schmiermitteln.

Zusammenfassung. Die Abnutzung der Bürsten im stromlosen Lauf ist gering. Eine Ausnahme bildet die Bürstenverreibung. Unter Strom ist die Abnutzung der Bürsten bedeutend größer. Eine Ausnahme bilden die zu Verreibung neigenden Bürsten wenigstens bis zu einer gewissen Stromstärke. Bei Kontaktunterbrechungen nutzen sich die Kathoden schneller ab als die Anoden, wenn die Bedingung des Lichtbogens erfüllt ist. Die Anoden nutzen sich schneller ab als die Kathoden bei hohen Stromstärken pro Bürstenexemplar und bei Spannungen unterhalb der Minimalspannung des Lichtbogens. Die Verschiedenheit der Abnutzung beider Polaritäten kann durch den mechanischen Abrieb des rauhen Kommutators übertönt werden. Die Abnutzung von Bürsten ergibt in Abhängigkeit vom Auflagedruck eine V-förmige Kurve, auf deren linken Zweig, also bei niedrigen Drucken, die Abnutzung als eine Folge der elektrischen Auflockerung der Bürstenfläche erscheint, während auf dem rechten Zweig, also bei hohen Auflagedrucken, die Abnutzung als eine Folge der mechanischen Zerstörung der Oberflächenglätte durch die zu große Flächenpressung erscheint. Öl und Fett vermindern den rein mechanischen Verschleiß, können aber den elektrischen Verschleiß erhöhen.

8. Chemische Einflüsse auf die Kommutatorpolitur.

Die Kommutatoroberfläche erleidet chemische Veränderungen durch Sauerstoff, Schwefelwasserstoff, Chlor, Ammoniak, Schwefelsäure und chemische Poliermittel. Für die hier vorgetragene Theorie ist die

Feststellung wichtig, daß bei gelegentlichem Auftreten von chemisch aktiven Gasen die Oberflächenglätte durch Auflockerung und Auflösung zerstört wird.

Wie bereits gezeigt, entsteht auf dem Kommutator, so oft er anodisch polarisiert wird, Sauerstoff als eine Folge der elektrolytischen Zersetzung der Wasserhaut. Dieser auf der Kommutatorfläche entwickelte Sauerstoff kommt in besonders innige Berührung mit dem Kupfer, so daß damit die Oxydation des Kommutators als ein ausgesprochener polarer Effekt erscheint. Infolge der Allgegenwart des Luftsauerstoffs beschränkt sich jedoch die Oxydation nicht auf den Fall der anodischen Polarisierung. Bei Erwähnung der Reiboxydation wurde bereits darauf hingewiesen, daß das Kommutatorkupfer lediglich durch die mechanische Durchknetung der Kommutatoroberfläche sich oxydieren kann, indem dadurch besonders aktive Atome mit dem Luftsauerstoff in Berührung kommen. Als dritte Oxydationsart ist endlich die Bildung von Anlauffarben durch die Temperaturerhöhung zu erwähnen. Bekannt sind die Anlauffarben bei thermisch überlasteten (etwa 100° C) Kommutatoroberflächen, die besonders rein auf den nicht mit Bürsten bestrichenen Flächenteilen zu sehen sind. Darin liegt gerade der Unterschied der thermischen Oxydation gegenüber der elektrischen Oxydation und Reiboxydation. Diese beiden letzten Oxydationsarten sind haarscharf auf die Laufbahnen der Bürsten beschränkt, während die thermische Oxydation auch auf den von den Bürsten nicht bestrichenen Flächenteilen des Kommutators auftritt. Auf den von den Bürsten bestrichenen Flächenteilen kann die Neubildung von Oxyd durch den durch die Oxydhaut hindurchdiffundierenden Sauerstoff gerade bei hoher Temperatur (etwa 100° C) so schnell vor sich gehen, so daß Abrieb auf der Oberseite der Oxydhaut und Neubildung auf der Unterseite sich etwa das Gleichgewicht halten.

Abrieb und Neubildung können auch nebeneinander vor sich gehen. Da die Hertzsche Fläche mit ihren eigentlichen Kontaktpunkten wandert, oder auch die Kontaktpunkte innerhalb der Hertzschen Fläche wandern, so kann eine eben während einiger Umdrehungen aufgekratzte Kontaktlinie der Kommutatoroberfläche nach Entlastung wieder zuoxydiert werden.

Der Augenschein eines stillstehenden Kommutators lehrt bereits, daß von einer gleichmäßigen und zusammenhängenden Oxydhaut auf der Kommutatoroberfläche keine Rede sein kann. Vergleicht man hierzu die Messungen über ruhende Kontakte von R. Holm, F. Güldenpfennig, E. Holm und R. Störmer (»Zur Theorie der ruhenden, metallischen Kontakte mit und ohne Fremdschicht« und »Untersuchungen über ruhende gestörte, metallische Kontakte« und über »Kontakte mit Fremdschichten«, beide Arbeiten in: Wissenschaftlichen Veröffentlichungen aus dem Siemens-Konzern, X. Band, Heft 4, 1931), so kann man schon verstehen, daß nur ein schwacher Gleichrichtereffekt auf der Kommutatoroberfläche zu erwarten ist. Nur eine zusammenhängende unverletzte Oxyd und Oxydulhaut vermag einen solchen Effekt hervorzubringen. Der Spannungsabfall einer Bürste ist auf einer oxydierten Bahn immer größer, gleichviel ob die Bürste Anode oder Kathode ist.

Die schwerleitende Politurschicht besteht also aus einem Gemisch von Oxyd und Metall. Es ist natürlich möglich, daß der Kontaktpunkt der Bürste in ganz kurzen Zeitmomenten auf unverletzte oder reine Oxydstellen trifft. Aber die sich dann einstellende Spannungsschwankung kann den Mittelwert nicht merklich beeinflussen. Zu der Auffassung einer Mischstruktur der Oberfläche führt auch die Überlegung, daß das Kupferoxydul und Kupferoxyd nahezu das doppelte Volumen des in ihnen enthaltenen metallischen zusammenhängenden Kupfers füllen. Das unter der ersten Oxydhaut weiter wachsende Oxyd sprengt also durch die starke Volumvermehrung die Oberfläche, so daß diese rissig und rauh wird. Infolgedessen wird die Oxydhaut brüchig und kann stellenweise von der schleifenden Bürste entfernt werden.

In Fällen, wo die Oxydation des Kommutators den Gang der Maschine störend beeinflussen kann (Drehzahlverminderung bei Uhrwerksmotoren), nimmt man daher Edelmetallkollektoren, etwa solche aus Silber. Es ist bemerkenswert, daß unter den unedlen Metallen Kupfer den kleinsten Kontaktwiderstand zeigt (Fr. Kraus, Phys. Bericht I, 334, 1930). Das liegt wohl daran, daß Kupferoxyd und Kupferoxydul den Strom noch einigermaßen leiten, gegenüber etwa Aluminium-, Zink oder Eisenoxyd usw. Tatsächlich haben auch Kommutatoren aus Eisen, wie sie in einzelnen Fällen während des Krieges gemacht worden sind, sich nicht bewährt. Zur Zeit werden zwar Stahlschleifringe bei Drehstrom-Turbogeneratoren noch immer verwandt. Auch hier sind mehr Schwierigkeiten vorhanden als erwünscht. Viel unangenehmer als Eisenoxyd ist das nicht leitende Chromoxyd auf verchromten Schleifkörpern. Man hat versuchsweise Schleifringe galvanisch verchromt, um eine harte, glatte, wenig oxydable Oberfläche zu schaffen. Während diese an Lagern, Werkzeugen und Lehren neuerdings mehr und mehr angewandte Oberflächenveredelung sich nützlich erwies, hat sie bei stromübertragenden Gleitkontakten völlig versagt. Der Spannungsabfall stieg nach kurzer Zeit auf 6 bis 7 Volt, bis dann durch einsetzende Funkenbildung die Oberfläche gänzlich zerstört wurde. Das liegt daran, daß Chrom zwar bei niedrigen Temperaturen beständig gegen Luftsauerstoff ist, nicht aber bei den hohen Temperaturen in den Kontaktpunkten.

Die Oxydhaut des Kommutators kann sich bei kathodischer Polarisierung durch den elektrolytisch erzeugten Wasserstoff sehr leicht reduzieren. Eine derartige Reduktion von Kupferoxydul kann auch in größerer Tiefe unterhalb der Oberfläche durch tiefer eingedrungenen elektrolytisch erzeugten Wasserstoff zustandekommen. Es ist bekannt, daß

Kupferoxydul enthaltendes Kupfer in Gegenwart von reduzierenden Gasen erhitzt, Risse in der Oberfläche zeigt, weil der entstehende hochgespannte Wasserdampf die Oberfläche sprengt. So ist also eine weitere Möglichkeit für die Auflockerung der Kommutatoroberfläche durch den Stromdurchgang gegeben.

Bei der Reduktion von Kupferoxyd wird eine merkwürdige Erscheinung beobachtet, die auch in dem Zusammenhang dieser Abhandlung einiges Interesse verdient. Zunächst sei hier ein Versuch des Verfassers beschrieben. Es wurden Preßlinge aus oxydiertem Kupferpulver geglüht. Zwischen die Preßlinge war eine Lage Papier gelegt worden, um das Zusammensintern der Preßlinge zu vermeiden. Nach dem Glühen in inaktiver Umgebung war das verkokte Papier mit einer relativ dicken Lage von Kupferkristalliten beiderseitig so dicht bedeckt, daß eine feste Kupferfolie entstanden war. Es werden also offenbar kleine Kupferkristallite, die im Innern relativ locker sitzen, durch den austretenden Sauerstoff mitgerissen und aus den Poren mit großer Kraft auf das verkokte Papier geschleudert. Das Auswerfen von Metallkristalliten aus dem Gefüge des festen Metalls ist durch J. Fischer (J. Fischer, »Die Zerstäubungserscheinungen bei Metallen«, Berlin 1927) allgemein als mechanisch-thermische Verdampfung beschrieben worden.

Es ist wahrscheinlich, daß das auf der Kommutatorfläche befindliche Kupferoxyd oder -oxydul sehr leicht in Gegenwart des Bürstenkohlenstoffs reduziert werden kann, wenn die Temperatur an den Kontaktpunkten die zur Reduktion erforderliche Höhe erreicht. Bekannt ist, daß Kupferoxyd in Gegenwart von Kohlenoxydgas sich schon bei Temperaturen von 80 bis 160° reduziert. Sehr wahrscheinlich ist Kohlenoxydgas in Spuren vorhanden durch Verbrennung von Kohlenstoff.

Viel energischer als Luftsauerstoff wirkt feuchter Schwefelwasserstoff auf das Kupfer der Kommutatoren ein. Es bildet sich dann eine dicke, graue, zinkfarbene Kupfersulfidschicht, die wahrscheinlich infolge ihrer größeren Dicke oder ihres besseren Zusammenhangs dem Strom einen größeren Widerstand bietet als die Oxydhaut, obwohl Kupfersulfid sehr viel besser leitet als Kupferoxyd oder Kupferoxydul. In dem Spinnraum einer Kunstseidefabrik, die nach einem Verfahren arbeitete, das sehr viel feuchten Schwefelwasserstoff lieferte, war es unmöglich, Gleichstrommotoren mit Kupferkollektoren zu verwenden. Erst die Einführung von Eisenkollektoren ermöglichte einen leidlichen Betrieb, da Eisen sich passiv gegen Schwefelwasserstoff verhält. Die Durchschläge durch die Kupfersulfidhaut führten zu einer ungewöhnlichen Kohlenstoffabgabe der Bürsten, also zu einer schnellen Schwärzung der Kommutatoren.

Auch in Räumen, wo Gasmotoren sich befinden, oder in Kokereien und Gasfabriken wird die Kupfersulfidbelegung von Kommutatoren und die damit verbundene elektrische Störung beobachtet. Man pflegt in solchen Fällen stark schleifende Bürsten, also Marke *A*, zu verwenden, um die Politur des Kommutators kupferfarben hell zu erhalten.

In chemischen Fabriken, wo Chlor erzeugt wird, wird immer wieder beobachtet, daß bei Eintreten von chlorhaltiger Luft in die Maschinenräume die dunklen Kommutatoren sich aufhellen. Chlor bildet zusammen mit der Luftfeuchtigkeit Salzsäure, die dann sehr leicht die Oxydpolitur und damit die darauf haftende Kohlenstoffschicht ablöst. Wie der Vorgang in Verbindung mit der unter den Bürsten stattfindenden Elektrolyse genau vor sich geht, muß noch untersucht werden. Möglicherweise wird das Kommutatorkupfer in der salzsauren Feuchtigkeitshaut bei anodischer Polarisierung gelöst. Dieser Erklärung entspricht auch die hin und wieder gemachte Beobachtung, daß sich in chlorhaltiger Luft reichlich Kupfer an den kathodischen Bürsten abscheidet. Es könnte also eine regelrechte Elektrolyse des Kupfers stattfinden. Es genügt aber für den hier vorliegenden Zusammenhang, festzustellen, daß man mit dem Putzlappen überraschenderweise mehr Schmutz von einem eben aufgehellten Kommutator abnimmt als von dem vorher dunklen Kommutator. Die vorher zusammenhängende festhaftende Politurschicht ist aufgebrochen und aufgelockert worden.

Man berichtet, daß in einem Umformerraum nach dem Aufstellen von Koksöfen eine ungewöhnliche Abnutzung von Bürsten auftrat. Möglicherweise hat die schweflige Säure der Abgase in Verbindung mit Luftfeuchtigkeit die Oxydpolitur durch Auflösung zerstört, so daß die ungeschützten Gleitflächen sich abreiben konnten.

Ganz ähnlich wie Chlor wirkt auch Ammoniak. In Räumen, wo Kältemaschinen stehen, ist beobachtet worden, daß bei einer auftretenden Undichtigkeit der Ammoniakleitung der Kommutator einer großen Gleichstrommaschine sich momentan aufhellte.

Auch Schwefelsäure enthaltende Luft soll das Verhalten der Bürsten auf Gleichstrommaschinen stören. In einer Zinkelektrolyse, wo mit einem schwefelsaurem Elektrolyten gearbeitet wird, beobachtet man, daß bei der Windrichtung, die die Luft der Bäderräume in den Maschinenraum bringen kann, die Maschinen schlecht funktionieren. Da Schwefelsäure Kupfer nur sehr wenig angreift, so ist eine andere Erklärung wahrscheinlicher. Da aus den offenen Bädern der Zinkelektrolyse sehr viel Gas (Sauerstoff und Wasserstoff) entweicht, das in Form von feinen Bläschen den wässerigen Elektrolyten mitnimmt, so ist wohl anzunehmen, daß das transportierte angesäuerte Wasser die Rohmannhaut auf den Kommutatoren und damit die Zerstörung an den anodischen Bürstenflächen verstärkt.

Es liegt nahe, die Kommutatorpolitur außer mit mechanischen Mitteln auch mit chemischen Mitteln zu beeinflussen. In den letzten Jahren werden viele solcher flüssigen Kollektorpflegemittel angeboten, die fast alle Ölsäure enthalten und weiter eine Zutat von wohlriechendem

Amylazetat, um den faden Geruch der Ölsäure zu verdecken. Es ist klar, daß die Ölsäure den Oxydbelag löst und mit dem Oxydbelag den auf diesem haftenden aufgetragenen Kohlenstoff oder Graphit. Ein Kommutator, der mit einem mit Ölsäure befeuchteten Lappen abgerieben wird, hellt sich daher augenblicklich auf.

Zusammenfassung. Es gibt neben der elektrolytischen Oxydation und der Reiboxydation eine thermische Oxydation des Kommutators. Die Oxydpolitur ist unzusammenhängend und leicht brüchig durch die Volumzunahme des Kupfers bei der Oxydation. Wasserstoff und Kohlenoxydgas können die Oxydpolitur reduzieren. Bei der Reduktion können durch die Entgasung Kupferteilchen ausgestoßen werden. Chlor und Amoniak lösen die Oxydpolitur. Es stellt sich viel loser Staub ein. Die meisten flüssigen Kollektorpflegemittel enthalten Ölsäure, um die Oxydpolitur chemisch zu lösen. Schwefelwasserstoff bildet dichte Sulfidbeläge, die zu Kohlenstoffabgabe der Bürsten führen. Die Sauerstoff- und Wasserstoffbläschen in Raffinerien verstärken die Wasserhaut auf der Kommutatorfläche und Bürstenfläche und stören damit das Verhalten der Bürsten.

9. Ungleiche Stromverteilung in der Parallelschaltung von Bürsten.

Bei parallel geschalteten Bürsten beobachtet man häufig ein ungleiches Verhalten der einzelnen Exemplare in bezug auf Stromaufnahme, Abnutzung und Kommutatorpolitur.

Die Stromverteilung auf die parallelgeschalteten einzelnen Exemplare fällt mitunter so verschieden aus, daß die Kabel und Armaturen an den überlasteten Exemplaren farbig anlaufen oder gar verbrennen, während die Kabel an den anderen Bürsten heil bleiben. Versuche haben ergeben, daß in dem Kühlluftstrom des Kommutators oder Schleifringes die Belastung auf das Zehnfache der nominellen gesteigert werden mußte, um die Kabel einer gut ausgeführten Bürste zum Glühen zu bringen. Es müssen also mindestens 10 Bürsten bei entsprechender Gesamtbelastung vorhanden sein, damit eine derartige Überbeanspruchung eines Exemplars möglich ist. Wie kommt nun solch ein ungleichmäßiges Verhalten der Bürste bei der Parallelschaltung zustande?

Die einzelnen Stromzweige enthalten den Übergangswiderstand zwischen Kommutator und Bürste, den Widerstand des Bürstenkörpers, den Übergangswiderstand zwischen Armatur und Bürstenmaterial und den Widerstand von Armatur, Kabel und Kabelschuh. Folgende Tabelle enthält durchschnittliche Werte des Widerstandes der einzelnen Teile einer Verzweigung in Mikrohm.

	Metall-Graphitbürsten	Kohlebürste
Übergangswiderstand zwischen Kommutator und Bürste . .	30000 (bei 0,3 Volt 10 Amp./cm²)	100000 (bei 1 Volt 10 Amp./cm²)
Widerstand des Bürstenkörpers	10 (30 × 20 × 35 mm)	1500 (30 × 20 × 35 mm)
Übergangswiderstand zwischen Bürste und Armatur	300	600
Widerstände von Armatur mit Kabel und Kabelschuh . . .	100	200

Aus der Tabelle ist ersichtlich, daß der Widerstand der Verzweigungen fast allein aus dem Übergangswiderstand in den Laufflächen besteht. Aus diesem Grunde ist es auch bedeutungslos, ob etwa der Widerstand des Bürstenkörpers oder der Übergangswiderstand zwischen Bürste und Armatur um ein Mehrfaches schwankt. Häufig glaubt man der Ungleichmäßigkeit der Stromverteilung auf die Spur gekommen zu sein, wenn man beträchtliche Schwankungen des Übergangswiderstandes zwischen Bürste und Armatur gemessen hat. Es genügt, wie die Tabelle zeigt, eine Schwankung von nur wenigen Prozenten des Übergangswiderstandes zwischen Kommutator und Bürste, um Schwankungen von mehreren 100% der übrigen Widerstände zu verschlingen. Natürlich gilt das nur unter der Voraussetzung, daß keine groben Fehler in der Verbindung vorliegen. Es ist also demnach sicher, daß der Strom sich auf die parallel geschalteten Bürsten vorwiegend entsprechend den Übergangswiderständen verteilt.

Die Frage, wie die ungleichmäßige Stromverteilung zustandekommt, ist also auf die Frage der ungleichmäßigen Übergangswiderstände in den Laufflächen zurückgeführt. Dieser Übergangswiderstand in den Gleitflächen hängt im wesentlichen von folgenden Eigenschaften und Zuständen ab:

1. von dem Widerstand der harten kontaktgebenden Teilchen, also von deren Größe und spez. Widerstand,
2. von dem Gefügewiderstand, also dem Widerstand von Teilchen zu Teilchen,
3. von der Zahl der harten kontaktgebenden Teilchen in der Hertzschen Fläche,
4. von den kontakthemmenden Fremdschichten auf dem Kommutator.

Die unter 1. und 2. angeführten Eigenschaften der Bürsten hängen von der Temperatur ab, die unter 3. angeführte Eigenschaft hängt von der Verteilung der harten Bestandteile in dem Bürstenkörper und von der Strombelastung ab, insofern diese harte Teilchen aussondern kann, und der unter 4. erwähnte Zustand der Kommutatorfläche hängt von der Atmosphäre, von chemisch wirksamen Gasen und von der Strombelastung ab.

Die von der Temperatur abhängigen Eigenschaften 1. und 2. können zunächst die Stromverteilung nicht stören, insofern auf frisch geschmirgelter Bürsten- und Kommutatorfläche die Temperatur durch gleiche Stromverteilung gleichmäßig ist. Erst wenn die Stromverteilung ungleichmäßig geworden ist, kann diese noch ungleichmäßiger werden wegen des negativen Temperaturkoeffizienten des Widerstandes der Kohleteilchen und des Gefügewiderstandes. Dagegen kann in den Hertzschen Flächen der einzelnen parallelgeschalteten Bürsten eine ungleiche Anzahl von harten, kontaktfähigen Gefügebestandteilen infolge schlechter Verteilung der harten Bestandteile innerhalb des Bürstenkörpers wirksam sein. Es nimmt also dasjenige Exemplar am meisten Strom auf, das in der Hertzschen Fläche die größte Zahl kontaktfähiger harter Bestanteile hat.

Handelt es sich um die Anoden, dann führt die Überlastung zu einer Zerstörung der harten Bestandteile, also zu einem Kohlenstoffbelag auf der zugehörigen Kommutatorbahn. Der Übergangswiderstand steigt an, da die übriggebliebenen weichen Graphitbestandteile der Bürstenfläche den Kohlenstoffbelag nicht nur nicht wegnehmen, sondern sich selbst auf der verschmutzten Bahn noch absondern. Die vorher überlastete Bürste wird dann langsam abgeschaltet, da bereits ein oder mehrere parallelgeschaltete Exemplare mit einer genügenden Anzahl kontaktfähiger Punkte sich wieder beteiligen. Es ist klar, daß Marke C mit einer geringen Zahl harter Bestandteile größere Schwankungen in der Anzahl kontaktfähiger Punkte aufweist, als etwa A und B. Der hier geschilderte Vorgang erfolgt um so leichter, je stärker der Kontakt durch Öl- oder Fettfilme, chemische Verbindungen oder die Wasserhaut gehemmt wird. In der Tat ist z. B. an großen Maschinen (12 000 Amp.) beobachtet worden, daß bei starker Luftfeuchtigkeit Armaturen und Kabel einzelner Bürstenexemplare anlaufen, die bei trockener Witterung einwandfrei arbeiten. Anoden, die längere Zeit stromlos oder mit sehr kleiner Strombelastung auf den dunklen graphitischen Kommutatorbahnen laufen, zeigen den glatten Leerlaufspiegel, während die aktiven Nachbarn auf den hellen Bahnen poröse Laufflächen zeigen. Nach längerem Leerlauf, der Tage und Wochen dauern kann, ist der weiche Graphit von der anodischen Lauffläche abgerieben. Es kommen neue harte Bestandteile zum Vorschein, die dann ungestört von elektrischer Belastung, da gute Nachbarn ganze Arbeit tun, die verschmutzte Kommutatorbahn wieder reinigen. Die Bürsten schalten sich langsam wieder ein, wenn nicht die Überlastung so stark war, daß die Übergangswiderstände zwischen Bürsten und Armatur durch Verbrennung zu der Größenordnung der Übergangswiderstände zwischen Kommutator und Bürsten angewachsen sind. Das Schicksal des Abschaltens und Einschaltens trifft abwechselnd das eine oder andere Exemplar. In gleicher Zeitfolge wandern dann auch die dunklen Streifen auf dem Kommutator.

Ähnliches gilt für die Kathoden. Jedoch besteht hier der Unterschied, daß die Kathoden Kohlenstoff oder Graphit nur dann abgeben, wenn bei der Kontakttrennung die Bedingung des Lichtbogens erfüllt wird. Die Kommutatorlaufbahn unter den Kathoden oxydiert sich sonst nur, und zwar um so stärker, je höher die Luftfeuchtigkeit ist. Entscheidend für die Stromverteilung unter den Kathoden ist also die Verteilung von harten Bestandteilen in der Bürstenfläche, die hart genug sind, den Oxydbelag aufzuritzen. Bei ungleicher Verteilung der harten Bestandteile werden natürlich diejenigen Exemplare von der Stromübertragung bevorzugt, die die Oxydhaut, die Haut anderer chemischer Verbindungen mit dem Kupfer, den Öl- oder Fettfilm oder die Wasserhaut am stärksten aufritzen. Doch stören derartige Fremdschichten unter den Kathoden nicht so stark wie die Graphitierung der Bürsten- und Kommutatorfläche bei den Anoden.

Im allgemeinen ist also die Marke C in bezug auf gleichmäßige Stromverteilung ungünstiger als die Marken A und B. Ein geringfügiger Unterschied in der an sich schon geringen Anzahl der harten kontaktfähigen Bestandteile in den einzelnen Hertzschen Flächen führt zu einem ungleichen Verhalten der Bürstenflächen gegen die kontakthemmenden Beläge des Kommutators, indem diese unter den Anoden von Graphit zugedeckt und unter den Kathoden ungleich aufgeritzt werden. Ein solches Verhalten von Bürsten kann schon bei der Messung der Abhängigkeit des Spannungsabfalls von der Stromstärke — der sog. Kurve des Spannungsabfalls — vorausbestimmt werden. Je mehr sich diese Kurve einer Geraden nähert, um so gleichmäßiger fällt die Stromverteilung bei der Parallelschaltung aus. Bei Marke C steigt nun (Abb. 9) zwar der Spannungsabfall zuerst ziemlich gerade an, knickt aber dann um, indem er von bestimmten Strombelastungen an fast parallel zur Abszissenachse verläuft. Durch das neutrale oder sogar schützende Verhalten gegen kontakthemmende Fremdschichten tritt der negative Temperaturkoeffizient des Widerstandes des Fremdschichtenmaterials sehr stark in Erscheinung. Der Übergangswiderstand bei Marke A ähnelt mehr einem Ohmschen Widerstande mit nur sehr kleinen negativen Temperaturkoeffizienten.

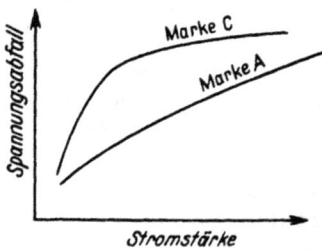

Abb. 9. Abhängigkeit der Gestalt der Stromspannungscharakteristik des Gleitkontaktes von der Bürstenmarke.

Nennt man den durch die Veränderung der Bürstenfläche und durch die Fremdschichten auf dem Kommutator hervorgerufenen zusätzlichen Spannungsabfall den sekundären Spannungsabfall und den übrigen nur wenig von der Temperatur abhängigen auf reinem Kommutator und mit frisch geschliffener Bürste gemessenen Spannungsabfall den primären, dann kann man folgendes formulieren. Die Stromverteilung kann bei solchen Bürsten sehr ungleichmäßig werden, die einen hohen sekundären Spannungsabfall zeigen. Als ein besonderes Beispiel für den Einfluß der Bürstenqualität auf die Stromverteilung sei die Metallgraphitbürste erwähnt. Tatsächlich beobachtet man bei Bürstenbestückungen auf Niederspannungsdynamos für Galvanotechnik häufig ungleichmäßige Stromverteilung als eine Folge des neutralen oder sogar schützenden Verhaltens der entmetallisierten Bürstenflächen gegen kontakthemmende Fremdschichten. Der von den Anoden erzeugte Graphitbelag auf Kommutatoren kann auch die auf gleicher Bahn laufenden kathodischen Bürsten in der Stromverteilung stören.

Die Erklärung der ungleichen Stromverteilung durch den sekundären Übergangswiderstand findet ihre Bestätigung in der praktischen Bedienungsvorschrift von Maschinen, den Kommutator und damit auch die Bürstenflächen rein zu schmirgeln, wenn ungleiche Erwärmung der Kabellitzen festgestellt wird. Bei Doppelkollektormaschinen schmirgelt man häufig den einen oder anderen Kommutator, um ungleiche Belastungen der beiden Hälften auszugleichen. Bei parallel geschalteten Maschinen, bei denen die eine mit Marke C, die andere aber mit Marke A oder B bestückt sind, beobachtet man häufig, daß die mit C bestückte Maschine langsam ihre Strombelastung verliert. Schmirgelt man den Kommutator dieser Maschine, dann wird die ursprüngliche Belastung wieder erreicht.

Einen ähnlichen Einfluß wie Schmirgel und andere Schleifmittel dürften die von Amerikanern vorgeschlagenen Spiralen haben, die man mit schwacher Steigung in die Schleifflächen von Kommutatoren oder Ringen einfräst. Die Ränder dieser schwachgängigen Spiralen schleifen sich scharf, genau wie die Ränder von Schleifringen, die infolge Wellenspieles zeitweilig ganz unter die Bürstenflächen gleiten. Die scharfen Kanten sorgen dafür, daß die Laufflächen der Bürsten nicht zu glatt werden, daß also die harten Bestandteile nicht von dem weicheren abgeriebenen Graphit zugedeckt werden.

Es ist auch allgemein üblich, mangelhafte Stromverteilung durch Steigerung des Auflagedruckes zu verbessern. Mit dem Auflagedruck vergrößert sich die Hertzsche Fläche, also die Anzahl harter Bestandteile. Es genügt nicht, gleichmäßigen Druck bei allen parallel geschalteten Bürsten zu haben, der Druck muß auch so hoch sein, daß bei allen Exemplaren eine der Strombelastung angemessene Anzahl von Kontaktpunkten, ohne Schaden zu nehmen, arbeiten kann. Diese Erfahrung wurde ganz besonders an Marke C gemacht. So ist es erklärlich, daß allgemein für Marke C ein Druck von etwa 180 g/cm² üblich ist, während A und B mit 150 g/cm² und weniger auskommen. Die Regel, den Auflagedruck der Anzahl harter Bestandteile entsprechend zu wählen, gilt jedoch nicht unabhängig von der Elastizität des Bürstenmaterials. Je starrer das Bürstenmaterial ist, um so kleiner ist die Hertzsche Fläche. Dementsprechend ist auch der Auflagedruck höher zu wählen. Umgekehrt arbeiten lockere Bürstenmaterialien, oder was dasselbe ist, tief geschlitzte Bürsten (sowohl die lockere als auch die geschlitzte Bürste sind elastischer) mit geringeren Drucken in bezug auf Stromverteilung gut. So wird häufig im praktischen Betrieb beobachtet, daß nach dem Schlitzen von Bürsten, gleich in welcher Richtung, die Stromverteilung sich bessert.

Nebenher seien Versuche erwähnt, durch vorgeschaltete Eisenbänder die Stromverteilung auf die einzelnen Bürstenexemplare zu regulieren. Der stark positive Temperaturkoeffizient des Eisens sollte den negativen Temperaturkoeffizienten des Übergangswiderstandes ausgleichen. Die Versuche wurden aufgegeben, weil man die erforderliche Länge des Eisenbandes nicht bequem unterbringen konnte. Eine komplizierte Lösung wurde in der elektromagnetischen Drucksteuerung jedes einzelnen Exemplares vorgeschlagen. Der Strom steuert vermittels eines Elektromagneten den Druck so, daß dieser mit ansteigendem Strom vermindert und mit sinkendem Strom verstärkt wird.

Eine unangenehme Folge der ungleichmäßigen Stromverteilung ist das Aufglühen der Bürstenkanten. Diese Erscheinung beobachtet man zuweilen an Maschinen großer Stromstärken (mehrere Tausend Ampere), wo also viele parallelgeschaltete Bürsten arbeiten. Eine etwa erbsengroße oder noch größere Stelle des Bürstenmaterials leuchtet an einer Stelle rot, gelb oder gar weiß sekundenlang auf. Manchmal geschieht das nur an einer Stelle, manchmal wandert das Aufglühen an der Bürstenkante entlang und springt auf ein anderes Bürstenexemplar über. Die Lauffläche zeigt an diesen Kanten Trübungen. Das Aufglühen ist ebenfalls besonders häufig bei feuchter Witterung. Der eigentliche Vorgang des Aufglühens der Bürstenkanten wird in Teil III genauer behandelt werden. Bei solch ungleichmäßigen Stromverteilungen kommen sehr leicht die Bürstenlitzen und Halterkästen durch die starke Temperaturerhöhung zu Schaden.

Da die Abnutzung der Bürsten vom Stromübergang abhängig ist, so fällt auch die Abnutzung der Bürsten in der Parallelschaltung entsprechend der Stromverteilung aus. Man beobachtet oft, daß sich die Bürsten in den blanken Fahrrinnen des Kommutators viel schneller abnutzen als in den dunklen. Die Gründe hierfür sind unschwer aus dem bisherigen zu entnehmen.

Zusammenfassend ist zu sagen, daß Ungleichmäßigkeiten in der Parallelschaltung durch Schwankungen der mechanischen Aktivität der Gleitflächen hervorgerufen werden. Wasserhaut, Oxydhaut und andere Fremdschichten steigern die Selektivität in der Parallelschaltung. Marke C als Anode zeigt die schlechteste Stromverteilung als eine Folge des neutralen oder gar schützenden Verhaltens dieser Marke gegen kontakthemmende Fremdschichten. Der Auflagedruck ist der Strombelastung, der Anzahl harter Bestandteile und der Elastizität des Bürstenmaterials entsprechend zu wählen.

Bürste mit verbranntem Kabel.

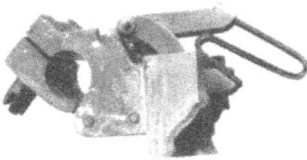

Halter mit abgeschmolzenem Kasten.

Teil II: Die Bewegungen der Bürste.

Übersicht über Teil II.

Die Bewegungen der Bürstenfläche relativ zur Kommutatorfläche sind wichtig, weil sich durch diese Bewegungen die Lage der Hertzschen Fläche und damit gegebenenfalls auch die der eigentlichen Kontaktfläche ändert. Die langsamen Bewegungen werden durch die Ungenauigkeit der Führung im Halterkasten bedingt. Die Periode des Platzwechsels dauert Sekunden bis Stunden. Die radialen Schwingungen von Umdrehungsfrequenz bis Lamellenfrequenz entstehen durch Stöße der exzentrisch gelagerten, unvollkommenen und von den Isolationsnuten unterbrochenen Zylinderfläche des Kommutators auf die relativ kleine Hertzsche Fläche. Die tangentialen Schwingungen von Umdrehungsfrequenz bis Lamellenfrequenz werden als Reibschwingungen beschrieben. Die Reibschwingungen, die gewöhnlich als Rattern bezeichnet werden, verdienen im Zusammenhang des Ganzen besondere Erwähnung, da gerade durch diese Bewegungen zeitweilig die Kanten der Bürsten allein Kontakt mit der Kommutatorfläche machen. Die Reibschwingungen entstehen durch Störungen des Zustandes der Gleitflächen. Diese wiederum ergeben sich als Störungen des physikalischen und chemischen Zustandes der Atmosphäre. Die Reibschwingungen werden vom Stromdurchgang beeinflußt. Dieser Einfluß ändert sich mit der Polarität der Bürste. Die Reibschwingungen führen zu mechanischen Zusammenstößen der Bürstenkanten mit den Segmentkanten des Kommutators und damit zum plastischen Verschleiß des Kommutators durch Gratbildung an den Segmentkanten. Derartig kräftige Zusammenstöße regen den Bürstenkörper zu elastischen Eigenschwingungen an, die hin und wieder auf den Kommutatorsegmenten eigentümliche Zittermarken erzeugen.

1. Die langsamen Bewegungen der Bürste.

In Teil I, Abschnitt 1 wurde bereits die Bewegung der Bürstenachse erwähnt, um die flachere Krümmung der Bürstenlauffläche zu erklären. Die Bürstenachse hat stets eine gewisse Freiheit, da sie nur wenig starr geführt ist. Dieser Unbestimmtheit der Lage der Bürstenachse entspricht eine unbestimmte Lage der Hertzschen Fläche innerhalb der

Bürstenlauffläche. Die Hertzsche Fläche wandert nicht nur sprunghaft, entsprechend sprunghaften Neueinstellungen der Bürstenachse, sondern auch kontinuierlich entsprechend dem Verschleiß der Bürste und der dadurch bedingten Neulagerung der Achse. Die nur mit Werkstattgenauigkeit ausgeführten Führungsflächen von Halter und Bürste gestatten keine mathematisch genaue Parallelführung während der Abnützung. Das langsame Wandern der Hertzschen Fläche konnte durch Versuche von Schliephake und vom Verfasser dieser Arbeit gemessen werden. Schliephake »Untersuchungen an Kohlenbürsten«, Dissertation an der Technischen Hochschule Darmstadt, Gießen 1927) untersuchte Bürsten auf einem Schleifkörper, der aus 8 isolierten Kupferscheiben bestand. Die Bürsten waren als Anoden geschaltet und bedeckten mit ihrer axialen Breite alle 8 Scheiben. Die Stromverteilung auf alle 8 parallel geschalteten Scheiben war sehr ungleichmäßig. Meist nahmen nur 2 Scheiben den ganzen Strom auf. Für eine Scheibe betrugen die Pausen zwischen zwei Stromaufnahmen eine bis mehrere Stunden. Einen etwas lebhafteren Wechsel zeigte eine Metallgraphitbürste mit etwa 66 % Metallgehalt. Bei diesem für derartige Bürsten relativ geringen Metallgehalt wurde offensichtlich der Verbrauch der metallischen Kontakte in der Hertzschen Fläche durch anodische Verdampfung beschleunigt. Der seiner guten Kontaktpunkte beraubte, aber noch mechanisch als Hertzsche Fläche dienende Flächenteil wurde dann infolge der Auflockerung sehr schnell abgenutzt. Die nicht genau parallel nachsinkende Bürstenfläche erhielt aber inzwischen einen anderen frischen Flächenteil als Hertzsche Fläche.

Versuche des Verfassers verliefen mit einem ähnlichen Resultat wie die von Schliephake. Eine aus 4 gegeneinander isolierten Teilen bestehende Bürste stand so auf dem Schleifkörper, daß die 4 Teile sich in axialer Richtung nebeneinander befanden. Der Stromübergang wechselte seinen Platz, so daß nach jeweils 20 Minuten der Strom einen oder zwei andere Bürstenteile bevorzugte.

Die in diesem Absatz beschriebenen langsamen Bewegungen der Bürste werden den unvermeidlichen Unregelmäßigkeiten der Führung der Bürste in dem Halterkasten zugeschrieben. Die Führung ist keine genaue Parallelführung. Die Perioden des Platzwechsels der Hertzschen Fläche sind groß im Verhältnis zu der Zeit einer Umdrehung des Kommutators und betragen Sekunden bis Stunden.

2. Die radialen Schwingungen von Umdrehungsfrequenz bis Lamellenfrequenz.

Die in diesem Abschnitt beschriebene Gruppe von Bewegungen der Bürste füllt einen Frequenzstreifen von einigen Perioden pro Sekunde bis etwa 5000. Es handelt sich hier um die Radialbewegungen der Bürste auf dem exzentrischen, auf dem nicht vollkommen zylindrischen und auf

Bürste aus 4 gegeneinander isolierten Teilen mit getrennten Abteilungskabeln.

Meßuhr zum Messen der Unrundheiten von
Kommutatoren und Schleifringen.

dem genuteten Kommutator. Diese Gruppe von Bewegungen überlagert sich über die in Abschnitt 1 beschriebenen langsamen Bewegungen.

Die Bürste folgt durch den Anpreßdruck der Kommutatorgestalt.
Je größer die Umfangsgeschwindigkeit und je größer die Exzentrizität
und die Abweichungen von der Zylindergestalt sind, um so größer sind
auch die zusätzlichen Beschleunigungsdrucke, mit denen die Bürste bei
der Bergfahrt verstärkt und bei der Talfahrt vermindert angepreßt wird.
Die zusätzlichen Beschleunigungsdrucke können größer werden als der
Anpreßdruck der Halterfeder. Die Bürste verliert dann bei der Talfahrt
eine Strecke weit gänzlich den Kontakt mit der Kommutatorfläche.
Zeug (»Eine Studie über das gegenseitige dynamische Verhalten von Kohle
und Kommutator«, Elektrische Bahnen 1929, S. 28) hat rechnerisch er-
mittelt, in welcher Weise der Beschleunigungsdruck, der ja proportional
der Masse der Bürste und dem Quadrat der Umfangsgeschwindigkeit
ist, von der Größe und Art der Formabweichung abhängig ist. Doch
sind spezielle Annahmen über die Formabweichung nötig, um für den
betreffenden Fall eine mathematische Formulierung zu erhalten. Zeug
setzt sinusförmige Abweichungen voraus, während Bodmer (C. Bodmer,
»Fortschritt im Bau von Bahnmotor-Kollektoren«, Bulletin Oerlikon,
Nr. 87, 1928) die parabolische Kurve des horizontalen Wurfs auf die un-
stetige Kommutatorfläche anwendet. Die Wurfparabel stellt die Formabweichung mit dem Kontaktdruck Null dar.

Der durch den Beschleunigungsdruck wechselnde Anpreßdruck
beeinflußt entsprechend die Güte der Kontaktgebung. Die harten Bestandteile der Hertzschen Fläche müssen mit einem gewissen Mindest-
druck angepreßt werden, damit die schlecht leitenden Häute durchstoßen
werden. In der Tat finden sich in oszillographischen Aufnahmen des
Spannungsabfalls Exzentrizität und Abweichungen von der Zylinderform
als bei jeder Umdrehung wiederkehrende regelmäßige Schwankungen vor.

In Teil I, Abschnitt 1 wurde gezeigt, daß die Hertzsche Fläche relativ
klein ist gegenüber der äußeren Größe der Bürstenlauffläche. Bei einem
Unterschied der Krümmungsradien von 250 und 260 mm für Kommutator
und Bürste ergab sich eine tangentiale Breite der Hertzschen Fläche von
1 mm. Da nun anderseits die Isolationsnuten auf dem Kommutator
ebenfalls etwa 1 mm breit sind, so fällt die Bürste mit der Hertzschen
Fläche in die offene Nut hinein, um sofort wieder herausgeschleudert zu
werden. Genau genommen verläuft der Vorgang so, daß sich beim Überschreiten der Nut zwei Hertzsche Flächen bilden, die aber nach voll-
endetem Überschreiten der Nut durch eine neue Hertzsche Fläche wieder
abgelöst werden. Je größer der Unterschied der Krümmungsradien, um
so tiefer sinkt die Bürste mit der Hertzschen Fläche in die Isolationsnut
ein. Ein ähnliches Verhalten zeigt der Automobilreifen beim Überschreiten einer Asphaltfuge. Obwohl hier die Berührungsfläche des

Reifens die Asphaltfuge um ein Vielfaches überdeckt, so kommt doch ein merklicher Stoß bei der Zweiteilung der Hertzschen Fläche zustande.

Die in der Lamellenfrequenz angestoßenen Bürsten geben einen singenden Ton von sich, sobald die Lamellenfrequenz die Schwingungszahl der musikalischen Töne erreicht. Man hört große Kommutatormaschinen wegen der vielen in gleicher Frequenz schwingenden Bürsten schon aus größerer Entfernung. Es gelingt immer, die Lamellenfrequenz hörbar zu machen, wenn man die Bürste durch seitliches Andrücken am Kopfende in gekippter Stellung mit der auflaufenden oder ablaufenden Kante auf dem Kommutator laufen läßt. Die durch die Nutung verursachten mechanischen Pulsationen werden dann so stark, daß eine einzelne Bürste genügend Tonenergie liefert, genau wie ein Stab, den man mit einer Kante auf den Kommutator drückt. Man hört fast stets die sinkende Lamellenfrequenz beim Auslaufen einer Maschine. Aus dem musikalischen Ton wird allmählich ein Schnarren. Man fühlt auch durch Betasten der Bürsten die Lamellenfrequenz, besonders wenn es sich um breite Nuten handelt.

Nicht nur offene Isolationsnuten, sondern auch geschlossene erteilen der Bürste mechanische Stöße, da es absolut unmöglich ist, die beiden ganz verschiedenartigen Bestandteile Kupfer und Glimmer genau bündig zu schleifen. Es gilt hier eine ähnliche Überlegung, wie sie bereits auf die aus verschieden harten Gefügebestandteilen bestehende Bürste angewandt wurde. Es entwickelt sich auch eine Reliefoberfläche auf dem Kommutator. Tatsächlich kann man sogar auf Kommutatoren, die selbst mit Diamanten abgedreht sind, die Nutung fühlen. Der Glimmer weicht durch seine Elastizität dem Angriff des Werkzeuges aus genau wie Gummi.

Was das Werkzeug, sogar Diamant, nicht vollbringt, kann man von der Bürste nicht verlangen. Die Aufgabe wird für die Bürste um so schlimmer, als ja auch der Stromdurchgang eine ungleiche Abnutzung von Kupfer und Glimmer nach sich zieht. Nur das stromleitende Kupfer unterliegt einer durch Stromdurchgang vermehrten Abnutzung, während der nicht leitende Glimmer vom Stromdurchgang unbeeinflußt bleibt.

Die mechanische Reaktion auf die Nutung führt zu einem erhöhten mechanischen Abrieb an den Lamellenkanten, insbesondere an der auflaufenden Kante, da diese die Bürste hochschleudert. Man findet fast immer, daß die auflaufenden Lamellenkanten blank sind. Es liegt hier eine ähnliche Erscheinung vor wie das Schlagloch an den Schienenstößen oder wie die Schlaglöcher der Landstraße.

Die durch die Nutung des Kommutators verursachten Druckschwankungen bilden sich bei der oszillographischen Aufnahme des Spannungsabfalles zusammen mit den Druckschwankungen durch Exzentrizität und Abweichung von der Zylindergestalt als regelmäßige Spannungsschwankungen ab. Bereits Arnold (Arnold — la Cour, »Die Gleichstrom-

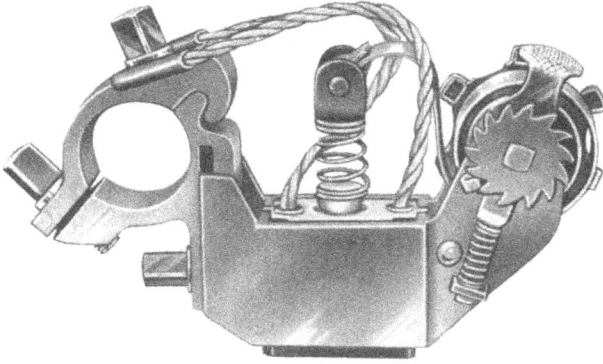

Radialhalter mit Dämpfungsfeder.

Bürste mit Kissen aus Klavierfilz.

maschine«, Band I, S. 299, Ausgabe 1919) hat diese experimentelle Feststellung gemacht und darauf hingewiesen, daß durch die mitbewegten Massen des Druckfingers der Kontakt derart gestört werden kann, daß Funkenbildung auftritt. Erfahrene Praktiker haben sich in folgender Weise geholfen. Man schneidet aus weichem Plattengummi kleine Kissen und legt diese unter sämtliche Druckfinger der Halter als Zwischenpolster zwischen Bürste und Druckapparat. Dadurch sind die Bürstenmasse und die Masse des Druckfingers weniger abhängig voneinander. Störte die mitschwingende Masse des Druckfingers, dann geht die Funkenbildung zurück, andernfalls hat die Funkenbildung eine andere Ursache.

Solche Gummikissen verwandte auch H. G. Taylor (»Phenomena connected with the collection of current from commutators and sliprings«, The Journal of the Institution of Electrical Engineers, Vol. 68, Okt. 1930), um nachzuweisen, daß die Steigerung des Spannungsabfalles mit Steigerung der Umfangsgeschwindigkeit durch zeitweilige Kontaktunterbrechungen verursacht wird. Durch Unterlegen eines Gummikissens unter den Druckfinger konnte er den Spannungsabfall, der bei 50 m/s und 23 Amp. Bürstenbelastung 0,96 Volt ohne Gummikissen betrug, auf 0,55 Volt reduzieren, obwohl die Geschwindigkeit des Schleifringes auf 60 m/s gesteigert worden war.

An Stelle des Gummikissens werden im Bahnbetrieb an der Bürste oder am Druckfinger festmontierte Kissen aus Klavierfilz mit gutem Erfolg gebraucht. Die dadurch erreichte Verbesserung äußert sich nicht merklich an der Funkenbildung, aber die Lebensdauer der Bürsten ist größer, und dieser Befund ist zweifellos der verbesserten Kontaktgebung zuzuschreiben.

Die neueren Halterkonstruktionen enthalten fast alle Dämpfungsfedern, die an Stelle des Gummikissens die Feinschwingungen der Bürsten in sich aufnehmen. Es ist natürlich immer darauf zu achten, daß auch diese Feder mit ihrem Druckfinger nicht zu schwer ausfällt.

Nach der im Teil I, Abschnitt 1, angegebenen Hertzschen Formel der Berührung von Hohlzylinder und Vollzylinder ist die Breite der rechteckigen Hertzschen Druckfläche umgekehrt proportional der Quadratwurzel aus dem Elastizitätsmodul des Bürstenmaterials, wenn man die Dehnungszahl des Kupfers gegen die Dehnungszahl des Kohlematerials vernachlässigt. Je kleiner der E-Modul, also je elastischer das Bürstenmaterial ist, um so größer ist die Hertzsche Fläche, um so weicher werden die radialen Stöße weitergegeben. Man kann den soeben erwähnten Vergleich mit dem Automobilreifen vervollständigen mit dem Hinweis, daß der Ballonreifen eine ruhigere Fahrt ermöglicht. Leider ist es nicht möglich, den E-Modul des keramischen Bürstenmaterials zu verringern, ohne gleichzeitig die Festigkeit des Materials herabzusetzen. Zwischen beiden gegenläufigen Eigenschaften muß die praktische Lösung einen Kompromiß schließen.

Zusammenfassung. Die Hertzsche Fläche reagiert auf die Exzentrizität, auf die Abweichung von der Zylindergestalt und auf die Nutung des Kommutators, indem sie sich in radialer Richtung bewegt. Elastische Zwischenglieder zwischen Bürste und Druckfinger hindern die störende Mitwirkung des Druckfingers.

3. Die tangentialen Schwingungen von Umdrehungsfrequenz bis Lamellenfrequenz.

Wesentlich wichtiger im Zusammenhang der ganzen Abhandlung sind die tangentialen Schwingungen der Bürsten. Die tangentiale Verschiebung der Hertzschen Fläche und der ihr angrenzenden Staub- und Überschlagszone ist für den Schleifring bedeutungslos, für den Kommutator aber wegen räumlich feststehender magnetischer Felder oder an räumlich bestimmten Stellen auftretender Spannungsimpulse eine wesentliche Tatsache zur Erklärung des veränderlichen Verhaltens der Stromwendung.

Die Ursache der tangentialen Bewegungen ist die zeitliche Änderung der Reibungskraft. Die Reibschwingungen oder das Rattern bilden daher den wesentlichen Inhalt dieses Abschnittes.

Der Reibungskoeffizient von Kohle und Kupfer im ungefetteten Zustand erreicht bei äußerst glatten und sauberen Gleitflächen den kleinsten Wert. Je rauher und je unsauberer die Gleitflächen werden, desto größer wird der Reibungskoeffizient. Die Berührung findet an den Vorsprüngen von Flächenrauhigkeiten oder unter Vermittlung der lose aufliegenden Verschleißteilchen statt. Die Flächenrauhigkeiten oder die losen Teilchen, die die Bürste anheben und so den ganzen Druck aufnehmen, verzahnen Bürste und Kommutator. Je härter das Bürstenmaterial und je härter und größer die losen Teilchen sind, desto stärker ist die Verzahnung. So löst sich die trockene Reibung in eine Summe von einzelnen Bewegungsimpulsen auf. Viele kleine zeitlich gleichmäßig verteilte Impulse geben eine zeitlich wenig schwankende Reibung, wenige starke unregelmäßig erfolgende Impulse führen zu hörbaren und sichtbaren Reibschwingungen.

Die Erscheinungen der Bürstenreibung werden nun im einzelnen beschrieben. Der Reibungskoeffizient ist scheinbar abhängig von der Umfangsgeschwindigkeit des Kommutators. Das gilt aber nur von dem mittleren Reibungskoeffizienten, wie er mit trägen Reibungsgeräten bestimmt wird. Bei den im Verhältnis zur Bürstenüberdeckung relativ großen praktisch vorkommenden Abweichungen der Kommutatorfläche von der Zylindergestalt entsteht eine intermittierende Auflage der Bürste. Da die Bürste bei sehr hohen Umfangsgeschwindigkeiten keine Zeit mehr hat, zu Tal zu fahren, schwebt sie größtenteils mit sehr geringem Druck, also mit sehr kleiner Hertzscher Fläche oder stellenweise überhaupt ohne Berührung über dem Kommutator. Die kurzen Reibungsstöße der Bergfahrt machen trotz des stärkeren Anpreßdruckes nicht mehr wett, was auf den längeren Umfangsstrecken der Talfahrt verlorengeht. Man könnte auch den Luftfilm zur Erklärung heranziehen, der in den flachen Keilraum an der ablaufenden Kante eingepreßt wird und, genau wie das Öl im Gleitlager vom Keilrücken zur Keilschneide mitgenommen die Welle hochhebt, die Bürsten anhebt und damit den Kontakt lockert. Leichte Scheiben, etwa dünne Kohlescheiben, wie sie in Mikrophonen gebraucht werden, gleiten angestoßen fast hemmungslos über eine polierte Tischplatte, wenn die Scheiben konvex gegen die Tischplatte sind, sie laufen jedoch nach ganz kurzer Strecke aus, wenn sie konkav gegen die Tischplatte liegen. In dem einen Falle erleichtert der hochstehende Rand das Entstehen eines Luftpolsters, während in dem anderen die nach unten weisende Kante die Luft von der Tischplatte abschält.

Eine weitere Erscheinung der Bürstenreibung ist auffällig, nämlich, daß der Reibungskoeffizient größer wird, je mehr man bei gleicher Zusammensetzung das Bürstenmaterial auflockert. Man braucht die Auflockerung nicht etwa durch porenbildende Substanzen im Material selbst zu vollziehen. Der gleiche Effekt tritt auf, wenn man die Bürste mit tiefen axialen oder tangentialen Schlitzen versieht. So konnte der Reibungskoeffizient einer Metallgraphitbürste von 0,055 ungeschlitzt auf 0,155 gesteigert werden, nachdem die Bürste zwei axiale und drei tangentiale Schlitze erhalten hatte. Die durch Schlitzen elastischere Bürste ergibt eine insgesamt größere Hertzsche Fläche, also einen verstärkten Eingriff der Gleitflächen.

Der Reibungskoeffizient auf einem Kommutator ist nach Liska (»Die Reibung von Dynamobürsten«, Arbeiten aus dem elektrotechnischen Institut Karlsruhe, 1908 bis 1909) kleiner als auf glatter Schleiffläche. Die radialen Schwingungen der Bürste führen zu einer intermittierenden Auflage und damit, wie schon erläutert, zu einer Erniedrigung des zeitlichen Mittelwertes der Reibung, wie ja auch zu der bereits bekannten Steigerung des mittleren Spannungsabfalles.

Besonders interessant ist die Reibung metallhaltiger Bürsten. Eine aus einem Kupferblock bestehende Bürste frißt sich nach Sekunden bereits ein, indem die Flächenrauhigkeiten sich metallisch verzahnen. Es entstehen wenige kräftige Verzahnungen. Die Bürste rattert. Lockert man den starren Block zu einem elastischen Gewebe aus vielen feinen Drähtchen oder zu einem elastischen Blätterpaket aus vielen dünnen Folien auf, dann entstehen viele leichte Verzahnungen. Die Reibung wird gleichmäßiger und geringer. Die mit nur geringer Anpressung arbeitende Faser oder Folie zerstört nicht mehr die entstehenden Oxydpolituren, so daß ein leidlich gutes Arbeiten zustandekommt, wie die alte Praxis beweist. Die moderne, aus Metallpulver und Graphit zusammengesetzte Blockbürste ist nun zwar starr, aber da die Berührung vorwiegend durch die vorstehenden Graphitteilchen der Bürste oder durch die Deckschichten aus Oxyd und Graphit auf dem Kommutator vermittelt wird, ist ein Gleiten ohne Fressen möglich. Solche Metallgraphitbürsten haben nun ein ausgesprochenes Minimum des Reibungskoeffizienten bei einer bestimmten optimalen Zusammensetzung. Verschiebt sich diese Zusammensetzung mehr zum Metall hin, dann wächst der Reibungskoeffizient infolge der häufigeren metallischen Verzahnung. Verschiebt sich die Zusammensetzung zum Graphit hin, dann wächst der Reibungskoeffizient infolge der Verzahnung, die die lockeren auf den Kommutator übertragenen Graphitteilchen vermitteln. Die Graphitteilchen sind zwar nicht so hart, daß sie Reibschwingungen verursachen, sie wirken eher wie ein zähplastisches Schmiermittel.

Ähnlich wie die Metall-Graphitbürste verhält sich die Reinkohlebürste, wenn man Metall und harte Kohle gleichsetzt. Ganz harte Bürsten A haben eine hohe Reibung (Reibungskoeffizient 0,3 und mehr) infolge der unmittelbaren Verzahnung der harten Flächenrauhigkeiten. Setzt man nun Graphit zu, so erreicht der Reibungskoeffizient bei einer bestimmten Zusammensetzung ein Minimum, das erfahrungsgemäß etwa bei 0,1 liegt. Es sondert sich nur wenig Graphit ab und es bildet sich nur wenig Oxyd. Der Kommutator bleibt ziemlich hell. Steigert man den Graphitgehalt weiter, dann wirkt der Graphitgehalt reibungssteigernd. Tatsächlich hat die Marke C einen höheren Reibungskoeffizienten, und zwar etwa 0,2. Natürlich gelten diese Zahlenangaben nur bedingt. Z. B. kann die auf sauberer Kommutatorfläche arbeitende Marke B allein auf Grund ihrer großen Elastizität einen Reibungskoeffizienten von etwa 0,25 und mehr erreichen. Der Grund liegt dann aber in der lockeren Struktur der Graphitbürste, die sich in die Unebenheiten des Kommutators einknetet, wie es allgemein für lockere Bürstenmaterialien gezeigt worden ist.

Von allen Erscheinungen der Reibung ist nun im Zusammenhang der vorliegenden Arbeit das Rattern am wichtigsten, und zwar dasjenige, das durch Vermittlung der auf der Kommutatorfläche festhaftenden Verschleißteilchen hervorgerufen wird.

Sind die Staubteilchen groß und hart genug, um einzeln oder zu mehreren den ganzen Druck durch Anheben der Hertzschen Fläche aufnehmen zu können, dann entstehen durch die Verzahnung der Gleitflächen hohe Momentanwerte der Reibung, die die Bürste gegen die ablaufende Kastenwand des Halters schleudern und sogar Halter und Halterträger selbst bei ziemlich starrer Konstruktion zu Schwingungen bringen. Das schnarrende, oft in weiter Umgebung hörbare Geräusch zeigt an, daß es sich hierbei um Bewegungen der Bürste handelt, deren Schwingungsfrequenz kleiner ist als die Lamellenfrequenz. Bei kleineren Bürstenprofilen, also geringen Schwingmassen, werden diese Reibschwingungen gelegentlich als Zwitschern oder als Pfeifen gehört. Es kommt auch vor, daß die durch Reibungsstöße verkantete Bürste längere Zeit durch Reaktion der Kanten auf die Kommutatornutung in Lamellenfrequenz tönt.

Die bereits vorgebrachte Erklärung über die Ursache des Ratterns macht sofort den weiteren Befund verständlich, daß ratternde Bürsten sich augenblicklich beruhigen, sobald man mit dem Finger oder mit einem trockenen Tuch die Kommutatorfläche abwischt. Der Erfolg ist meist nur von kurzer Dauer, da die Bürsten bald wieder genügend Rattersubstanz auf den Kommutator gebracht haben.

Die Herkunft des Ratterstaubes ist nun genügend aus den Ausführungen von Teil I bekannt. Die Substanz der gleitenden Teile wird rein mechanisch oder mechanisch unter Vermittlung des Stromdurchganges oder auch rein elektrisch gelockert.

Die in diesem Abschnitt beschriebenen Schwingungen der Bürste darf man sich nun nicht so vorstellen, daß die Bürste sich etwa nur parallel verschiebt oder sich nur um eine zur Kommutatorachse parallele Achse dreht. Der tangentialen Schwingung ist eine Drehung der Bürste um ihre radiale Längsachse überlagert. Die Bürste liegt in keinem Haltersystem in Richtung der Kommutatorachse mit ihrer vollen Fläche an der Gleitwand oder Gleitkante des Halterkastens auf. Das ist wegen der unvermeidlichen Werkstattfehler für Halter und Bürste unmöglich. Tatsächlich zeigen alle Bürsten und insbesondere Ratterbürsten Druckspuren an einer Seite oder in der Mitte der Seitenflächen. Manchmal liegen die Druckspuren da, wo man sie nach dem Haltersystem nicht erwarten sollte. Um an einem Beispiel die Verhältnisse klar zu machen, nehmen wir den am meisten vorkommenden Fall an, daß die Gleitwand in der Mitte gewölbt ist. Wird dann die Ecke A der in Abb. 10 im Grundriß dargestellten Bürste $ABCD$ von einem Reibungsstoß getroffen, dann nimmt die Bürste die gestrichelte Lage an. Die Bürste berührt in dieser Lage nur mit den Ecken B und D den Kommutator. Man kann sich eine räumliche Vorstellung davon machen, wenn man ein Stück Blech auf einen Zylinder passend

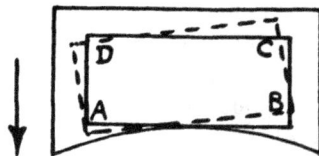

Abb. 10. Bewegungen der Bürste um die Bürstenachse.

biegt und dann etwas dreht, wie das in Abb. 10 mit der Bürste geschehen ist. Man fühlt dabei auch sofort die Tendenz des Blechstückes in die alte Lage zurückgehen.

Im folgenden werden nun weitere Einzelheiten über das Rattern der Bürsten und dessen Folgen behandelt. Die Tendenz zum Rattern ist bei den einzelnen Bürstenmarken verschieden. Naturgemäß rattert A leichter als B und C, da A bereits reichlich harte Teilchen enthält. Bei B können die polierenden Zusätze Ursache von Reibschwingungen werden. Bei C dagegen kann das Rattern nur dadurch zustandekommen, daß durch vorausgegangene Strombelastung Graphit abgesondert wurde. Graphit wirkt als Rattersubstanz nicht so kräftig wie harter Kohlenstoff. Aus diesem Grunde ist das Rattern der C geringer als das der A. Der Einfluß der Strombelastung auf das Rattern der einzelnen Bürstenmarken wird im folgenden Abschnitt genauer beschrieben.

Von besonderem Einfluß auf das Rattern der Bürsten ist die Umfangsgeschwindigkeit des Kommutators. Bürsten, die bei etwa 20 m/s einwandfrei laufen, versagen bei 30 m/s und mehr. Je höher die Umfangsgeschwindigkeit, um so größer sind die Beschleunigungsdrucke bei den Bergfahrten über die Abweichungen von der Zylindergestalt des Kommutators. Je größer der Bürstendruck, um so eher kommt eine Verzahnung mit der Rattersubstanz zustande.

Das Rattern der Bürsten kann auf Kommutatoren mit offenen Isolationsnuten dadurch verstärkt werden, daß die Bürstenkanten bei der Schrägstellung der Bürsten durch den Reibungsstoß in mechanische Reaktion mit der Kommutatornutung kommen. Hammers (»Oberwellenfreier Gleichstromgenerator«, Archiv für Elektrotechnik XVII, Bd. 1926) und Schröter (»Zur Physik des Schleifkontaktes II«, Archiv für Elektrotechnik, XXV. Band) zeigen in ihren Arbeiten Oszillogramme des Spannungsabfalles und Oszillogramme (Schröter mittels Piezoquarz) der Reibung, aus denen deutlich der Einfluß der Kommutatoren zu erkennen ist. Die Nutung bildet sich sowohl in den Spannungsschwankungen wie in den Reibungsschwankungen ab. Man könnte nun sagen, daß die relativ schmale Hertzsche Fläche in jeder Lage innerhalb der Bürstenfläche radial gerichtete Stöße durch die Nutung empfängt, die nun als Druckschwankungen sowohl den Kontaktwiderstand als auch den Reibungszug periodisch ändern. Dem widersprechen aber die weiteren Feststellungen der Autoren, daß Öl oder Fett die Oszillogramme des Spannungsabfalls und des Reibungszuges weitgehend glätten. Hammers stellt sogar weiterhin fest, daß Flüssigkeiten, die selbst keine Schmierfähigkeit besitzen, ein unruhigeres Bild liefern als der trockene Gleitkontakt. Man kann diese Tatsachen wohl kaum anders erklären als durch die Überlegung, daß die durch einen Reibungsstoß aus ihrer normalen Lage herausgebrachten Bürsten mit ihren Kanten auf die Nutung des Kommutators ansprechen. Die trockene diskontinuierliche Reibung wird durch Fetten eine halbflüssige kontinuierliche, so daß eine Reaktion der Kanten auf die Nutung nicht mehr auftritt.

Stark ratternde Bürsten tanzen vielfach in radialer Richtung auf und nieder, so daß häufig statt von einem Rattern der Bürsten von einem Tanzen berichtet wird. Die radiale Schwingungsamplitude ist so groß, daß man unter der Bürste ungehindert hindurchsehen kann. Vereinzelt kommt es vor, daß die Bürsten sogar aus dem Halter herausspringen. Diese Erscheinung kennt man bei allen Haltersystemen bei schräg gegen

Petschaftbildung an ratternden Bürsten.

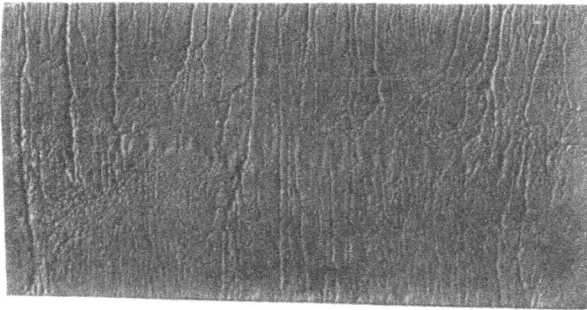

Blitzartige Verästelungen an den Seitenflächen von ratternden
Bürsten, hervorgerufen durch Sandkörner, die zwischen Halterkasten und Bürste einfallen.

Lauf, bei radial und schräg mit Lauf stehenden Haltern. Der Reibungsstoß schleudert oder drückt die Bürste gegen die ablaufende Kastenwand.
Die Bürste prallt durch ihre eigene Elastizität oder angestoßen durch
die einsetzende elastische Schwingung des Halters zurück gegen die auflaufende Kastenwand genau wie eine Billardkugel, die immer wieder
neue Impulse erhält. Eine Stahlkugel prallt höher zurück als eine
Marmorkugel bei gleicher Fallhöhe. Innere Reibung und dauernde
Deformation zehren bei der Marmorkugel einen Teil der Energie auf,
während die Stahlkugel sich als vollkommen elastisch erweist. Aus dem
gleichen Grunde reagieren Bürsten mit einem starren Gefüge kräftiger
auf die Reibungsstöße als solche mit einem lockeren Gefüge. Tiefe
axiale Schlitze machen zwar den Bürstenkörper elastischer, erhöhen
aber nicht die Energie verzehrende innere Reibung oder bleibende Deformation. Eine Dämpfung des Reibungsstoßes ist also durch Schlitzen
nicht zu erwarten. Im Gegenteil, die geschlitzte Bürste spricht stärker
an, da die gegeneinander schwingenden Zinken der Stimmgabelgestalt
die Stoßenergie aufnehmen. Die Formelastizität der geschlitzten Bürste
ist eben vollkommener als die Elastizität des Gefüges. In der Tat konnte
in einem Falle beobachtet werden, daß nach dem Schlitzen sich das Reibungsgeräusch auf einer großen Maschine mit etwa 340 Bürsten (ca.
30 m/s Umfangsgeschwindigkeit) so verstärkte, daß das Geräusch dem
eines starken zischenden Dampfstrahls glich.

Die wichtigste Folgeerscheinung des Ratterns ist das Ausschleudern
der Bürstenkrümmung. Daß die Krümmung der Bürsten allgemein
flacher ist als die Krümmung des Kommutators, wurde den Ausführungen in Teil I zugrunde gelegt. Mitunter ist die Abweichung der Krümmung der Bürstenfläche von der Krümmung des Kommutators auffallend sichtbar. Die Bürstenfläche wird nämlich konvex gegen die
Ebene, wenn die Bürsten bei reichlichem Spiel stark gerattert haben.
Man erkennt das, indem man ein Haarlineal in tangentialer Richtung
auf die Bürstenfläche legt und den Lichtspalt beobachtet. Oder aber man
erkennt an den Lichtreflexen der Bürstenfläche, daß Teile der Bürstenfläche, etwa die auflaufende oder ablaufende Bürstenkante, konvex sind,
während der übrige Teil konkav ist.

Der Verfasser hat versucht, an gelaufenen Bürsten die Krümmung
zu messen, um den Wert mit dem des zugehörigen Kommutators zu vergleichen. Doch gelang es nicht, zu zuverlässigen Werten zu kommen, da
die riefige Gestalt der Oberfläche nicht der Messung so zugänglich ist wie
eine Glaslinse dem Sphärometer. Diese Versuche ließen nur die rohe
Schätzung zu, daß nicht hörbar ratternde Bürsten Abstände von der
Größenordnung eines hundertstel Millimeter gegen die Kommutatoroberfläche aufweisen. Natürlich zeigen ratternde Bürsten ohne weiteres
den Unterschied der Krümmung, der dann allerdings bis Zehntel Millimeter beträgt.

Bürsten, die einmal angefangen haben zu rattern, rattern um so leichter, je mehr die Krümmungen der Laufflächen ausgeschleudert werden. Solange die Krümmung der Bürste und des Kommutators aufeinanderpassen, ist die Führung straffer. So können ratternde Bürsten sofort beruhigt werden, wenn etwa der Kommutator durch Schmirgeln mit Bimsstein oder Schmirgelpapier aufgerauht wird, sodaß sich die Bürsten neu einschleifen. Dieser Effekt ist noch insofern überraschend, als gerade durch Aufrauhung des Kommutators die Reibungsstörung beseitigt wird. Dahin gehört auch die andere Beobachtung, daß schlecht eingeschliffene Bürsten rattern, aber nie mehr rattern, wenn sie voll eingelaufen sind. Auch das von Praktikern befolgte Rezept, den Einlauf von Bürsten durch Petroleum, Öl oder Fett zu unterstützen, ist so zu verstehen, daß ein ruhiger Einlauf eine bessere Übereinstimmung der Krümmungen, also eine strengere Führung der Bürste zeitigt.

Es ist auch möglich, daß Bürsten, die einmal längere Zeit gerattert haben, durch die starken mechanischen Beanspruchungen Gefügeveränderung erleiden. Durch das starke Rütteln wird das keramische Gefüge gelockert, so daß sehr leicht größere Teilchen aus dem Verband der Bürstenfläche geraten können. Für diese Gefügeänderung spricht die Tatsache, daß es in einzelnen Fällen nach neuem Einschleifen nicht mehr gelang, die Bürsten längere Zeit zu ratterfreiem Lauf zu bringen, obwohl dieselben Bürsten zuvor Wochen oder Monate einwandfrei liefen.

Lange andauerndes Rattern kann schließlich zu einer vollständigen Zerstörung des Gefüges führen. Die Bürsten verschleißen dann explosionsartig schnell. In wenigen Sekunden sind dann die Bürsten in eine Staubwolke verwandelt. Der Kommutator selbst zeigt dann tief eingefahrene Bahnen unter den zerriebenen Exemplaren. Diese Erscheinung ist in der Praxis als Verreibung bekannt. Die Marken A und B neigen besonders zur Verreibung.

Wenn Bürsten längere Zeit gerattert haben, so wird ihre Lauffläche porös. Die anfänglich nur durch feinsten Staub verursachte Störung schleudert die Krümmung aus. Die Hertzsche Fläche wird also immer kleiner. Die Flächenpressung und damit die tangentiale Schubkraft wird größer. Immer größere Gefügebestandteile werden aus der Bürstenfläche herausgerissen. Man kann mit dem bloßen Auge sehr leicht die relativ großen Löcher auf der Lauffläche sehen. Ferner sieht man zuweilen ein eigentümlich glitzerndes Gefüge. Die glatte Lauffläche ist zerstört und die kleinen Bestandteile sind mit ihren glänzenden Oberseiten regellos auf der Lauffläche orientiert. Die mehr oder weniger scharfe Abgrenzung solcher porösen oder glitzernden Laufflächenteile läßt ebenfalls wieder erkennen, daß die Hertzsche Fläche sehr viel kleiner als die wirkliche Lauffläche ist und ferner, daß es für längere Zeiten bestimmte Lagen dieser Hertzschen Fläche gibt.

Eine weitere unangenehme Folge des Ratterns ist die Zerstörung des Bürstenmaterials an der ablaufenden Kante. Faßt der Reibungsstoß die Bürste an der auflaufenden Kante, so tritt dort eine Stauchung des Materials auf, an der ablaufenden Kante dagegen eine Dehnung. Die Zugfestigkeit keramischer Materialien ist bedeutend geringer als die Druckfestigkeit. So splittern also ratternde Bürsten an der ablaufenden Kante aus. Das geschieht um so leichter, als das Material der Bürsten durch den Preßvorgang einen mehr oder weniger stark geschichteten Aufbau hat. Insbesondere zeigen Naturgraphitbürsten diese Schichtstruktur, so daß gerade diese Bürsten an der ablaufenden Kante abblättern, wenn etwa die Schichtung parallel zu den Segmentkanten liegt. Ein instruktiver Vergleich ist das Aufblättern eines Buches.

Eine andere Zerstörungsart durch Rattern ist die sog. Petschaftbildung. Da, wo die Bürste die Kanten des Halterkastens berührt, treten mitunter tiefe Einkerbungen auf. Unterstützt wird dieser Vorgang durch den Stromübergang zum Halterkasten, wenn sich durch das Rattern die Verbindung mit dem Kabel gelockert hat. Die ohne Stromdurchgang glatten Schlagspuren an den Seitenflächen der Bürsten werden matt und bröckelig. Die lokale Erhitzung führt zu Verbrennungen in einzelnen Punkten, so daß das Gefüge langsam seinen Halt verliert.

Der Spannungsabfall wird durch das Rattern der Bürsten beeinflußt. Bei der Marke A, d. h. allgemein bei Bürsten, deren Spannungsabfall im wesentlichen nur aus dem primären Spannungsabfall besteht, beobachtet man, daß der Spannungsabfall sich beim Rattern erhöht, genau so wie die Kontaktwiderstände bei Apparaten durch Erschütterungen vergrößert werden. Fettet man die Schleifringe und Kommutatoren bei ratternden Bürsten der Marke A, dann sinkt der Spannungsabfall.

Bei der Marke C hingegen ist der Einfluß des Ratterns auf den Spannungsabfall entgegengesetzt. Wird das Rattern durch die zerbröckelnde Politurschicht des Kommutators verursacht, dann fällt die kontakthemmende Fremdschicht und damit der sekundäre Spannungsabfall fort. Wird das Rattern durch den aufgetragenen unregelmäßigen Kohlenstoffbelag verursacht, dann kann durch die Stöße der ratternden Bürste die kontakthemmende Haut losgeschlagen werden.

Ratternde Bürsten durch Öl oder Fett zu beruhigen, ist eine alte Praxis. Es gibt viele Betriebe, in denen die regelmäßige Fettung der Kommutatoren zu den Dienstobliegenheiten des Personals gehört. In anderen, insbesondere chemischen Betrieben ist das Fetten vorgeschrieben, wenn das Rattern der Bürsten einsetzt, etwa bei Eintritt von störenden Gasen oder von Luftfeuchtigkeit. In Teil I wurde eine ganze Reihe von Ursachen aufgezählt, die Staubbildung, also auch Rattern auf dem Kommutator nach sich ziehen.

Zu den tangentialen Schwingungen der Bürste gehören auch die Schwingungen des Bürstenhalters oder des Trägers der Bürstenhalter.

Auch diese liegen normalerweise in dem Frequenzgebiet von einigen
Perioden bis etwa 5000 pro Sekunde. Schwingungsfähige Bürstenhalter
oder Träger werden natürlich durch Reibungsstöße leicht zu Schwingungen angeregt. Es können aber auch die kleinen Schwingungen der
ganzen Maschine Halter und Träger in Schwingung versetzen. Daß eine
möglichst starre Konstruktion zu erstreben ist, braucht nach dem Bisherigen nicht mehr gerechtfertigt zu werden.

Zusammenfassung. Die trockene Reibung zwischen Bürste und
Kommutator besteht aus einer Summe von Bewegungsimpulsen, die
durch direkte Verzahnung der Gleitflächen oder durch indirekte Verzahnung unter Vermittlung des lockeren Staubbelages auf dem Kommutator entstehen. Die Zahl und Stärke der einzelnen Impulse bestimmt
die Größe des Mittelwertes der Reibung sowie die zeitlichen Schwankungen um den Mittelwert. Die zeitlichen Schwankungen um den Mittelwert werden als Rattern bezeichnet. Das Rattern ist abhängig von der
Bürstenqualität, von der Umfangsgeschwindigkeit des Kommutators,
von der Nutung des Kommutators und der Elastizität des Bürstenmaterials. Das Rattern schleudert die Bürstenkrümmung aus, lockert
das Gefüge des Bürstenmaterials, zerstört die Glätte der Bürstenfläche
und vergrößert den Spannungsabfall bei Marke A und verringert ihn
bei Marke C. Im Zusammenhang der ganzen Arbeit ist die Feststellung
von Wichtigkeit, daß die Kanten der Bürsten infolge der Bewegung
zeitweilig den Kommutator allein berühren.

4. Polarität der Reibung.

Der Einfluß des Stromes auf die Reibung, speziell auf das Rattern,
ist allgemein bekannt. Bürsten, die im Leerlauf oder bei geringer Belastung rattern, verstummen, wenn die Strombelastung gesteigert wird.
Besonders bei elektrischen Lokomotiven ist die Erscheinung sehr bekannt. So ist es üblich, die Bürsten von Lokomotivmotoren von der
Kommutatorfläche abzuheben, wenn etwa die Lokomotive in längerer
Leerfahrt abgeschleppt werden muß, um das lärmende Geräusch und
um die Gefahr des Bürstenbruches oder sogar des Halterbruches zu beseitigen. Oder man fettet die Kommutatoren vor längerer Leerfahrt, etwa
langen Talfahrten, mit einem Paraffinblock. Es ist ferner vorgekommen,
daß Maschinisten beim Bremsen Strom gaben, um sich den Lärm der
leerlaufenden Bürsten zu ersparen. Auch bei stationären Maschinen ist
das Rattern im Leerlauf bekannt, doch weit seltener, da auf stationären
Maschinen meist graphitischere Bürsten als im Bahnbetrieb verwandt
werden. Der Befund, daß bei Laststeigerung das Bürstengeräusch ver-
stummt, ist so überraschend, daß man dem Strom eine Schmierwirkung
zugedacht hat und von Stromschmierung spricht wie von einer Ölschmie-
rung.

Der registrierende Reibungsmesser auf einem Schleifring.
  a Uhrwerk für den Vorschub,
  b Blattfeder,
  c Transportschiene.

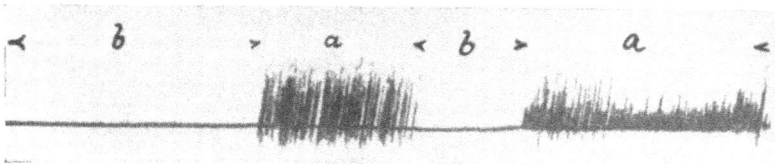

Beruhigung der Bürste bei Stromdurchgang.
  a stromloser Lauf,
  b Lauf unter Strom.

Die Verhältnisse liegen nicht so einfach, wie das nach dieser Einleitung scheinen möchte. Die Praxis kennt viele Fälle, wo gerade auf hochbelasteten Maschinen Rattern der Bürsten sich einstellte. In diesem Abschnitt wird versucht, die scheinbar sich widersprechenden Erscheinungen des Einflusses der Stromübertragung auf die Reibung zu erklären.

Der Sitz der Reibung, also auch der des Ratterns, ist die Hertzsche Fläche. Die zwischen Hertzsche Fläche und Kommutatorfläche geratenden harten Teilchen führen zu einer momentanen Verzahnung von Bürste und Kommutator. Die Wirkung des Stromes auf die Ratterteilchen ist nun die, daß das harte Teilchen, als Stromleiter durch die starke Stromeinschnürung hoch erhitzt, seine Festigkeit verliert und so leicht in der Verzahnung bricht. Nichtleitende harte Teilchen könnten im Abhebebogen erweichen oder gar schmelzen. Oder man könnte sich denken, daß durch die plötzliche Gasentwicklung das Kohleteilchen gesprengt wird. Oder es ist auch möglich, daß die plötzliche Gasentwicklung aus den Kohleteilchen einen örtlichen Gasdruck erzeugt, der die Verzahnung durch Hochheben der Bürste lockert.

Geht nun aber der Strom außerhalb der Hertzschen Fläche im Abhebebogen oder Lichtbogen über, dann kann der Strom nicht schmieren. Das ist nun, wie später in Teil III noch gezeigt wird, sehr leicht bei Kommutatoren möglich. Der Strom geht nicht immer durch die Hertzsche Fläche, weil diese gelegentlich auf einer Lamelle liegt, die zur Zeit nicht an der Stromlieferung beteiligt ist. Der Stromübergang außerhalb der Hertzschen Fläche ist nun gerade bei der selektiven Marke C und besonders an der Anode möglich. Ebenso verliert der Strom wenigstens teilweise seine Wirkung, wenn durch ungleiche Stromverteilung auf die verschiedenen Ratterteilchen in der Hertzschen Fläche eine ausreichende Menge der Ratterteilchen keinen oder zu geringen Strom überträgt. Die Teilchen können ungleich hart oder ungleich groß sein. Der Anpreßdruck der einzelnen Teilchen kann verschieden sein. Die Teilchen können kommutatorseitig in einer genügend dicken kontakthemmenden Schicht verzahnt sein. Schröter zeigt in seinen Arbeiten (»Zur Physik des Schleifkontaktes«, Teil 1 und 2, Archiv für Elektrotechnik, Bd. 18, 1927, und Bd. 25, 1931), daß der Ort der Reibung und der Ort des Stromübertrittes nicht ganz zusammenfallen. Die Reibung greift meist in der lasttragenden isolierenden Haut an, während der Strom nur in ganz winzigen Punkten übertritt. Ein derartiges Verhalten ist besonders bei der selektiven Bürstenmarke C möglich.

Je mehr Rattersubstanz nun vorhanden ist, deso geringer ist der Einfluß des Stromdurchganges auf das Rattern. Ja, es ist sogar so, daß der Stromdurchgang das Rattern verstärken kann. Es ist aus Teil I bekannt, daß gerade die Anoden die Kommutatorbahn sehr leicht mit Kohleteilchen verschmutzen, daß dagegen die Kathoden die Kommutatorbahn sauber halten, wenn nicht etwa starke Lichtbogenentladungen zur

Zerstörung der kathodischen Strombasis führen und damit ebenfalls die Kommutatorbahn verschmutzen. Die Produktion von Rattersubstanz kann so reichlich werden, daß der Stromdurchgang nicht alle unter der Hertzschen Fläche befindlichen Teilchen erweicht oder zersprengt. Damit ist die eigentümliche Erscheinung erklärt, daß anodische Strombelastung besonders bei Marke C das Rattern hervorbringt oder das Leerlaufrattern verstärkt, während die kathodische Strombelastung gewöhnlich die Bürsten beruhigt.

Berchtenbreiter und Schweiger haben in der Literatur (»Kohle und Kommutator beim Vollbahnmotor«, Elektrische Bahnen, November und Dezember 1930) zuerst auf diese Polarität des Ratterns hingewiesen. Dieser Feststellung liegt ein Laboratoriumsexperiment zugrunde, bei dem auf einem kurzgeschlossenen Kommutator nur eine Bürste zur Stromübertragung benutzt wurde, die man wahlweise anodisch oder kathodisch belasten konnte. Es fiel dabei besonders auf, daß die vorher anodisch belastete ratternde Bürste sich sofort bei kathodischer Belastung beruhigte. Da die Kathode keine neue Rattersubstanz erzeugte, konnten also nach einigen Umdrehungen alle Ratterteilchen durch den Stromdurchgang soweit zerteilt sein, daß sie nicht mehr wirksam waren.

Daß auch die Kathode Kohlenstoff absondern kann, wurde schon erwähnt. Insbesondere ist das bei der selektiven Marke C möglich, wenn bei höheren Stromstärken die harten Teilchen nicht mehr ausreichen und der Strom durchschlagartig übertritt. Das Rattern von kathodisch hochbelasteten Bürsten wurde von Schröter in einer unveröffentlichten Arbeit aus dem Jahre 1929 beschrieben. Dabei wurde der registrierende Reibungsmesser benutzt, wie ihn Schröter in einer anderen veröffentlichten Arbeit (Schröter, »Ein registrierender Reibungsmesser«, Aus dem Prüffeld der Ringsdorff-Werke, Heft 9, Juli 1930) beschrieben hat. Marke B zeigte unter gleichen Umständen dieses kathodische Rattern nicht. Genau so, wie die ungleiche Stromaufnahme der einzelnen Ratterteilchen in der Hertzschen Fläche eines einzelnen Exemplars das Rattern bei Stromdurchgang beeinflußt, so wirkt auch die Selektivität von Bürstenexemplar zu Bürstenexemplar in der Parallelschaltung vieler Bürsten. So beobachtet man in der Tat, daß nur einzelne Bürsten unter vielen parallel geschalteten Bürsten rattern, und zwar gerade diejenigen, die mit zu geringem Strom oder gar stromlos laufen.

In Teil I wurde wiederholt auf den Einfluß der Feuchtigkeitshaut bei den Anoden hingewiesen. Die Feuchtigkeitshaut verstärkt die polaren Effekte, also auch die Substanzabsonderung der Anode. Damit ist sofort die auffällige Tatsache erklärt, daß häufig die Anoden bei Eintritt von feuchter Witterung anfangen zu rattern. Die Kathoden werden erst nach einiger Zeit von den Anoden gestört, wenn nämlich durch den Platzwechsel der Hertzschen Flächen unter den Anoden langsam der ganze Kommutator mit Rattersubstanz bedeckt ist und die Kathoden nicht mehr imstande sind, die Rattersubstanz aufzuzehren.

Wenn dagegen die Kommutatoroberfläche so aufgeteilt wird, daß auf einer Bahn nur die Anoden, auf einer anderen nur die Kathoden laufen, dann fällt eine gegenseitige Beeinflussung durch Rattersubstanz fort. Es rattern dann nur die Anoden. Hierfür diene folgender Fall der Praxis als Beleg.

Ein Generator 67,5 kW, 750 n, 2000 Amp. zeigte Schwierigkeiten durch Riefenbildung auf dem Kollektor. Da die Maschine nur mit dem halben Strom belastet war, wurde eine Trennung der Kommutatorfläche nach Polarität unternommen. Es entstanden so 3 Felder auf dem Kommutator, die nach mehr als zweimonatigem Betrieb folgendes Aussehen zeigten:

Feld 1: Bürsten anodisch gegen den Kommutator polarisiert. Kommutatorfläche dunkel glatt. Die Bürsten zwitscherten zeitweilig. Man fettete nur die Bahn der Anoden. Das Geräusch verstummte dann sofort.

Feld 2: Dieses Feld wurde von Plus- und Minusbürsten zu gleicher Zeit bestrichen. Dunkle Streifen wechselten ab mit blanken kupferfarbenen Streifen.

Feld 3: Bürsten kathodisch gegen den Kommutator polarisiert, der Kommutator also anodisch gegen die Bürsten. Der Kommutator war hell und zeigte Riefenbildung.

Nun ist es auch verständlich, daß nach vorausgegangener Verschmutzung des Kommutators durch Stromdurchgang Bürsten auf der unbelasteten Maschine rattern, die auf dem reinen Kommutator im Leerlauf nicht rattern. Derartige Erscheinungen sind auf intermittierend belasteten Maschinen wie Steuerdynamos der Walzwerke und Förderanlagen oder Bahnmotoren genügend bekannt.

Wenn nun auf einer belasteten Gleichstrommaschine Anoden und Kathoden scheinbar in gleicher Stärke rattern, so ist doch an den Laufflächen selbst festzustellen, daß die Anoden stärker rattern. Beim Vergleich aller Laufflächen der Bürsten einer großen Maschine ergab sich, daß alle Anoden mehr oder weniger deutlich poröse Laufflächen hatten und außerdem an vielen Exemplaren im Lichtreflex Krümmungswechsel erkennen ließen. An den Kathoden fanden sich beide Erscheinungen nur ausnahmsweise.

Zusammenfassung. Der Inhalt dieses Abschnittes kann in folgender Weise zusammengefaßt werden. Der Stromdurchgang mildert das Rattern, wenn die Ratterteilchen vom Strom erweicht oder zersprengt werden. Man spricht dann von Stromschmierung. Treten aber größere Anteile des Stromes außerhalb der Hertzschen Fläche über, oder sind so viele Ratterteilchen unter der Hertzschen Fläche vorhanden, daß nicht eine ausreichende Zahl vom Stromdurchgang erweicht oder zersprengt wird, oder werden Bürstenexemplare in der Parallelschaltung stromlos, dann wird das Rattern nicht vermindert. Die Bedingungen des Stromdurchganges außerhalb der Hertzschen Fläche und ungleicher Stromverteilung in der Parallelschaltung werden besonders von den Anoden der Marke C erfüllt. Der Stromdurchgang kann selbst Rattersubstanz erzeugen. Gewöhnlich erzeugt nur die Anode Rattersubstanz, seltener und nur unter bestimmten Bedingungen vermag auch die Kathode Kohleteilchen abzugeben. Es ist wiederum die Anode der Marke C, die sich besonders störend bemerkbar macht. Um den ganzen Komplex des unter Strom auftretenden Ratterns kurz zu bezeichnen, könnte man dieses Rattern Stromrattern nennen, im Gegensatz zu dem Leerlaufrattern. Das Stromrattern ist der Marke C, das Leerlaufrattern den Marken A und B eigen.

5. Plastischer Verschleiß des Kommutators.

In diesem Abschnitt wird die Erscheinung der Gratbildung an den ablaufenden Segmentkanten behandelt. Man beobachtet häufig, daß das Kupfer an den ablaufenden Segmentkanten in Form eines krümeligen Grates oder auch in Form eines dünnen Blättchens entgegen der Drehrichtung des Kommutators langsam voran wächst. Löst sich der Grat ab oder wächst er bis zur anderen Segmentkante, so tritt ein Rundfeuer auf, falls die Höchstspannung zwischen den Segmenten ausreichend ist.

Abb. 11. Gratbildung an den Segmentkanten.

Der krümelige Grat oder das zusammenhängende Blättchen wachsen, wie Abb. 11 zeigt, etwas nach abwärts. Bei den Blättchen erkennt man unter dem Mikroskop einen schuppenartigen Aufbau. Offenbar tritt die Erscheinung für eine bestimmte Stelle an der Segmentkante oder für eine bestimmte Fahrbahn des Kommutators in größeren Zeitabständen auf.

Jedesmal, wenn die Erscheinung auftritt, wächst das Blättchen am Fußpunkte A durch Weiterschieben des Segmentkupfers. Das bereits vorhandene Blättchen sitzt dann unterhalb des neugeschobenen Blättchens, so daß sich ein schuppenartiger Aufbau nach mehrfacher Wiederholung ergibt, etwa wie Abb. 12 zeigt.

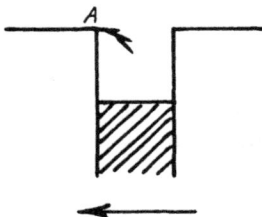

Abb. 12. Übereinandergeschobene Kupferblättchen.

Der krümelige Grat an den ablaufenden Segmentkanten läßt sich nun leicht erklären, indem auf die ganz ähnliche Gratbildung hingewiesen wird, die man beim Abdrehen von

Kommutatoren beobachtet. Sehr harte Bürsten der Marke A oder mit harten und groben Fremdsubstanzen verunreinigte Bürsten der Marke B greifen häufig den Kommutator in der Weise an, daß tiefe Rillen und krümeliger Grat an den ablaufenden Segmentkanten gerade da, wo die Rillen sind, entstehen. Da nun gerade die Kathoden den Kommutator angreifen, ist damit die Beobachtung erklärt, daß der krümelige Grat nur unter den Kathoden auftritt, wenn etwa der Kommutator nach Polaritäten aufgeteilt wird.

Schwieriger dagegen ist die Erklärung des blättchenförmigen Grates. Eine ähnliche Gratbildung ist an den Schienenköpfen der Bahnen, und zwar in den Kurven zu finden. Oben und seitlich an den Schienenköpfen wird ein glattes, zusammenhängendes Blatt ausgetrieben, und zwar da, wo Laufkranz und Spurkranz infolge hohen örtlichen Anpressungsdruckes das Schienenmaterial treiben können. Ein derartiger plastischer Verschleiß ist natürlich nur möglich, wenn das Material weich und duktil ist. Es ist bekannt, daß Kupfer durch Kaltverformung (Walzen oder Ziehen) bedeutend verfestigt und gehärtet wird, und zwar hängt die Steigerung der Festigkeit und Härte von dem Grade der Verformung ab. Mit der Bezeichnung gezogenes Segmentkupfer ist also in Bezug auf Festigkeit und Härte nichts gesagt, da weder die thermische Behandlung noch der Grad der Verformung im letzten Arbeitsgang damit gekennzeichnet ist. So ist es erklärlich, daß ganz wesentlich differierende Härteziffern für Segmentkupfer gefunden werden. Liegt also weiches, bildsames Segmentkupfer vor, dann kann örtlich hohe Anpressung in der Nähe der ablaufenden Segmentkante zu einem plastischen Verschleiß des Kommutators in Form des bereits beschriebenen blättchenförmigen Grates führen. Durch die in den vorhergehenden Abschnitten beschriebene Ratterbewegung entstehen nun sehr leicht hohe Flächendrucke, und zwar dann, wenn die Bürsten mit ihren Kanten auf dem Kommutator hämmern. Es wird nun tatsächlich Rattern der Bürsten und Gratbildung in Blättchenform an der ablaufenden Segmentkante zusammen in der Praxis vorgefunden. Besonders häufig tritt diese Erscheinung an Maschinen auf, die lange Zeit schwach belastet oder abwechselnd unbelastet und belastet laufen, weil gerade im Leerlauf die Reibung besonders unregelmäßig wird. Aber auch auf vollbelasteten Maschinen können einzelne Exemplare infolge ungleicher Stromverteilung rattern. So ist es zu verstehen, daß der blättchenförmige Grat nur auf einzelnen Kommutatorbahnen auftritt. Ferner ist so der schuppenförmige Aufbau des Grates zu verstehen. Ein Exemplar, das heute gerattert hat, kann morgen durch eine andere Stromverteilung ruhig laufen. Es wächst dann eine Oxydschicht über das Blättchen von heute. Rattert übermorgen das Exemplar wieder oder ein anderes in derselben Bahn, dann wird ein neues Blättchen über das alte getrieben. Durch den plastischen Verschleiß entstehen ebenfalls Bahnen auf dem Kommutator, die allerdings nicht besonders tief gehen.

Bei Gelegenheit einer längeren Beobachtung von großen Gleichstrommaschinen konnte das Entstehen von solchen Ratterbahnen beobachtet werden. Ein Kommutator zeigte Monate hindurch eine durchaus gleichmäßige bräunliche Oxydpolitur. Eines Tages trat eine etwa 2 mm breite helle, kupferfarbene Bahn auf, die sich sehr scharf von der übrigen Fläche abhob. Im Stillstand war in dieser Bahn deutlich blättchenförmiger Grat zu erkennen. Beim weiteren Lauf verbreiterte sich diese Bahn langsam. Wir wissen aus Abschnitt 3, Teil II, daß Bürsten auf sehr schmaler Bahn stark rattern können, weil infolge der Drehschwingungen eine einzige Bürstenecke mit der Nutung des Kommutators in Reaktion kommen kann. Es hatte also offenbar ein Exemplar mit der Ecke gerattert und dadurch die schmale Ratterbahn mit blättchenförmigem Grat hervorgerufen. Später wiederholten sich derartige Vorkommnisse an anderen Stellen des Kommutators.

Der Vollständigkeit halber sei hier noch ein anderer Fall von Übertragung von Kupfer in die Isolationsnuten beschrieben. Bei Verwendung von metallhaltigen Bürsten auf Kommutatoren beobachtet man manchmal, daß die ausgekratzte Nut sich mit krokantartigem Kupfer füllt, das, falls es die Segmentkanten erreicht, oben blank geschliffen wird und so Gratbildung vortäuscht. Diese Erscheinung zeigt sich, wenn Segmente nicht funkenfrei ablaufen. In den Kommutierungsfunken werden Kupferteilchen des Bürstenmaterials in Form von kleinen Schmelztöpfchen in die Nut gesprengt. Die Teilchen haften aneinander, wie die Teilchen der aus einer Metallspritzpistole aufgetragenen Schicht. Die mikroskopische Beobachtung der zwischen Kommutatornuten vorgefundenen Krokantmassen bestätigt deutlich durch die kleinen Kupferkügelchen, daß es sich hier nicht um die in diesem Abschnitt gemeinte Gratbildung handelt.

Zusammenfassung. Sehr harte Bürsten oder solche mit sehr harten Bestandteilen erzeugen einen krümeligen Grat an den ablaufenden Segmentkanten. Ratternde Bürsten führen zu einem plastischen Verschleiß des Kommutators, wenn das Kupfer duktil ist. Das Kupfer findet sich in Blättchenform an den ablaufenden Segmentkanten.

6. Die elastischen Schwingungen der Bürste.

Weit außerhalb des Frequenzgebietes der bisher aufgezählten Schwingungsbewegungen der Bürste liegen die elastischen Eigenschwingungen des Bürstenkörpers. Wir haben es hier mit einer Periodenzahl von 20 000 und mehr pro Sekunde zu tun.

Man beobachtet in den im vorigen Abschnitt beschriebenen Ratterbahnen sehr häufig auf den Segmenten feine schwarze Linien, die parallel zur Segmentkante verlaufen. Untereinander sind diese Linien immer genau parallel und äquidistant, so daß sie den Eindruck einer Holzmaserung geben. Man darf zu dem Zweck die Kollektoren nur nicht bei zu greller Beleuchtung beobachten. Am vorteilhaftesten ist meist die dem Fenster abgekehrte Seite der Maschine. Die Erscheinung soll zunächst noch genauer beschrieben werden. In Abb. 13 stellen A, B, C und D die Nuten eines Kollektors dar.

Auf dem Segment zwischen B und C sind die Linien der eben bezeichneten Art dargestellt. Diese Linien beginnen stets in einem gewissen Abstand von der auflaufenden Kante der Nut C. Bis dahin ist das Segment von der Nutkante an metallisch blank. Dieser blanke Streifen ist im Durchschnitt 1 bis 2 mm breit. Die Linien selbst erscheinen als aufgetragene feine Graphitlinien auf kupferfarbe-

Abb. 13. Zittermarken auf den Segmenten.

nem Untergrund. Vielfach hören die Linien etwa in der Mitte des Segmentes auf. Der Farbton verblaßt bis zur ablaufenden Lamellenkante hin. Die Zahl der Linien schwankt, bezogen auf die ganze Lamellenbreite, zwischen 10 und 25 in den beobachteten Fällen. Es seien die Zahlenverhältnisse für einen Fall angeführt. Der Kollektor hat eine Umfangsgeschwindigkeit von 30 m/s. Das Segment hat eine Breite von 8 mm. Auf das Segment entfallen 16 Linien. Die Zeit für den Durchlauf eines Segmentes unter einem Bürstenpunkt beträgt $^1/_{3750}$ s. Demnach werden also 60000 Linien pro Sekunde erzeugt. Diese außerordentlich hohen Schwingungszahlen kann man nicht als Schwingungen des Haltersystems deuten. Vielmehr handelt es sich hier um innerelastische Schwingungen des Bürstenkörpers. Die Erscheinung hat eine gewisse Ähnlichkeit mit den Prellschlägen von Massivkontakten, die unter Federdruck eingeschaltet werden. Es ist bekannt, daß sich beim Einschalten elektrische Schwingungen einstellen, die auf die elastischen Prellschläge der Kontaktteile zurückzuführen sind. Ferner können zum Vergleich die Zittermarken angeführt werden, die sich an Oberleitungen von Straßenbahnen zeigen, da wo Bügel oder Rollen nach dem Abheben auf die Leitung zurückprallen. Ähnliche Zittermarken entstehen auch auf Arbeitsstücken, die mit einer Schleifmaschine bearbeitet sind, deren Schleifscheibe wegen zu schwacher Lagerung schwingen kann. Ferner beobachtet man Zittermarken an Arbeitsstücken unter Hobelmaschinen. Der an dem freitragenden, elastisch schwingenden Arm befestigte Schneidstahl setzt in einem ganz bestimmten Rhythmus an und aus.

Da die Zittermarken eine ganz bestimmte Lage zu den Kommutatornuten haben, sind diese auch der Erregungsort der elastischen Schwingungen der Bürste. Da sie sich tatsächlich in den Ratterbahnen befinden, so oft solche einwandfrei durch Vorhandensein von blättchenförmigem Grat nachgewiesen werden können, so ist klar, daß die Bürstenkante, beim Zusammenstoß mit der Segmentkante zu elastischen Schwingungen angestoßen, die Zittermarken aufzeichnet. Diese Stöße treffen nicht bei jeder Umdrehung auf jede Segmentkante, aber im Laufe vieler

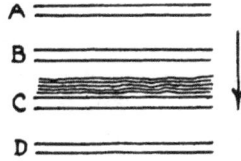

Umdrehungen stößt jede Kante einmal mit der Bürstenkante zusammen. Auch stoßen nicht alle Bürstenexemplare zu gleicher Zeit an. Wir wissen, daß die Hertzsche Fläche langsam wandert. Liegt die Hertzsche Fläche gerade in der Nähe der ablaufenden Kante, so gelingt es der Reibung nicht, die Bürste soweit zu neigen, daß die auflaufende Kante in eine momentane Reaktion mit der Nutung kommt. Nur diejenigen Bürsten, bei denen die Hertzsche Fläche schon nahe an der auflaufenden Kante liegt, sind zu einem Zusammenstoß mit den Segmentkanten disponiert. Nun erklärt sich auch der Befund, daß ein Streifen von etwa 1 mm Breite von der auflaufenden Segmentkante her auf dem Kommutator blank bleibt, ehe die Zittermarken auf dem Kommutator beginnen. Die Bürste fällt mit der auflaufenden Kante in die offene Nut und muß erst hochgeschleudert werden, um aus der Verzahnung zu kommen. Die Bürste macht einen kleinen Sprung und läßt dabei den bereits beschriebenen schmalen Streifen von etwa 1 mm Breite unberührt. Dann erst beginnen die äquidistanten Zittermarken, die die schwingende Bürstenkante aufträgt. In Abb. 14 ist die schwingende Bürstenkante dargestellt. Jedesmal in der Stellung A tritt Berührung auf, während in der Stellung A^1 die Bürste den Kommutator überhaupt nicht berührt.

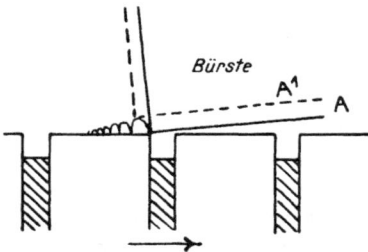

Abb. 14. Schwingende Bürstenkante.

Nimmt man die Formel für elastische Längsschwingungen eines in der Mitte geklemmten Stabes oder eines an beiden Enden geklemmten Drahtes, deren Ende oder Mitte durch Reiben zum Ansprechen longitudinaler Schwingungen gebracht sind, so ergeben sich Schwingungszahlen für den Bürstenstumpf, die größenordnungsmäßig genau das hier vorliegende Frequenzgebiet von 20 000 und mehr Perioden pro Sekunde treffen. Eine genaue mathematische Behandlung der hier vorliegenden Schwingungen scheitert an mangelnden experimentellen Unterlagen über die Gestalt des schwingenden Teiles. Ferner ist die Bürste nirgendwo fest eingeklemmt, so daß man eher noch von Gestaltschwingungen wie etwa beim pulsierenden Wassertropfen reden kann.

Der Stoß erfolgt nur in einem Punkte der Bürstenkante. Derselbe oder ein anderer Punkt stößt dann die Zittermarken auf der Oberfläche des Segmentes ein, so daß sich nach und nach die Linien ergeben, wenn ein Punkt nach dem andern entlang der Bürstenkante einmal aufprellt. In scharf berandeten Ratterbahnen hören die Linien genau an den Grenzen der Ratterbahn auf. Liegen die Ratterbahnen vertieft, dann steigen die Zittermarken an den Rändern hoch bis zur Höhe der unangegriffenen Kommutatorbahn.

Die Entstehung der Zittermarken ist in verschiedenen Fällen im

Geschobenes Kupfer in den Isolationsnuten und Zittermarken auf den Lamellen.

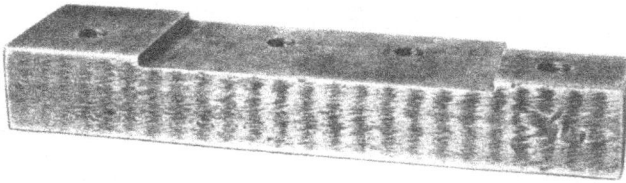

Riffeln auf gehobeltem Eisenstück.

Leerlauf beobachtet worden. So zeigten Bahnkommutatoren nach längerem Leerlauf mit sehr harten Bürsten in einem Prüffeld deutlich eine sehr regelmäßige Zeichnung von feinen parallelen Linien auf den Segmenten. Es handelt sich in diesem Falle um Kommutatoren von Einphasenbahnmotoren, auf denen die relativ dünnen Bürsten durch eine Fahrtrichtung, an einer Kante zugeschärft, beim Reversieren sehr stark auf die offenen Nuten reagieren. Auch auf großen stationären Maschinen ist die Erscheinung festgestellt. Ganz besonders interessant ist hier folgender Fall. Auf einer 6000 kW Gleichstrommaschine wurden unter die 432 Bürsten 36 Bürsten mit Karborundumzusatz so verteilt, daß der ganze Kommutator von diesen Bürsten mindestens einmal bestrichen wurde. Diese wenigen Bürsten lieferten so viele Karborundumkörner auf die Kommutatorfläche, daß die Leerlauftemperatur des Kommutators durch die Steigerung der Reibung unzulässig hoch wurde. Die hohe Reibung brachte die Bürstenkanten und Segmentkanten zum Zusammenstoß und als Erfolg zeigten sich im Stillstand Zittermarken, die die ganze Länge der Segmente mit ungewöhnlicher Regelmäßigkeit bedeckten. Es ist wichtig zu bemerken, daß es in dem zuletzt erwähnten Falle nicht zu einem hörbaren Rattern gekommen ist.

Auf Schleifringen, die mit schweren Metallgraphitbürsten bestückt sind, beobachtet man gelegentlich ähnliche schuppenartige Zeichnungen auf der Schleiffläche. Der große Abstand dieser Zittermarken weist jedoch auf ein wesentlich niedrigeres Frequenzgebiet hin. Durch Unebenheiten der Ringfläche werden die Bürsten als Ganzes zu Ratterschwingungen angestoßen.

Zusammenfassung. Zusammenfassend ist zu sagen, daß die Bürstenkanten durch die Ratterbewegungen zu Zusammenstößen mit den Segmentkanten geführt werden. Diese Zusammenstöße führen zu elastischen Schwingungen des Bürstenkörpers, die auf den Segmenten Zittermarken aufzeichnen. Wenn Zittermarken festgestellt werden, so kann man ohne weiteres auf Rattern der Bürsten schließen. Die elastischen Schwingungen der Bürste gehören einem hohen Frequenzgebiet an.

Teil III: Stromwendung und Funkenbildung.

Übersicht über Teil III.

Die eigentliche Stromwendung findet in wesentlich kürzerer Zeit statt, als sie durch die tangentiale Überdeckung der Bürste gegeben ist. Der Ort der Stromwendung und Stromübertragung innerhalb der tangentialen Bürstenüberdeckung wird sehr stark von der Neigung der Potentialkurve beeinflußt. Fallen Stromübertragung und Stromwendung auf die Bürstenränder, so kann äußerlich sichtbare Funkenbildung auftreten. Die Stromübertragung und Stromwendung können rein mechanisch durch Kippbewegungen der Bürste auf die Ränder fallen. Diese Funkenbildung wird als Ratterfeuer bezeichnet. Aber auch durch kontakthemmende Fremdschichten können Stromübertragung und Stromwendung auf den Bürstenrand gelangen. Die Stromübertragung und Stromwendung setzen verspätet ein und müssen gewaltsam am ablaufenden Bürstenrand vollzogen werden. Dieser Fall wird als Widerstandsfeuer bezeichnet. Ratterfeuer und Widerstandsfeuer als Folgen des chemischen und physikalischen Zustandes der Gleitflächen stehen damit unter dem Einfluß des Zustandes der Atmosphäre. Der Wendepol hat in diesem Zusammenhang den Sinn eines Schiebepols, insofern durch ihn die Stromübertragung und Stromwendung so weit wie möglich zum auflaufenden Bürstenrand geschoben werden soll. Der Wendepol erhält damit eine andere Deutung als sie in der klassischen Stromwendungstheorie gegeben ist. Bei zu starkem Wendefeld kann Bürstenfeuer auftreten als Folge der Unterbrechung von Querströmen, die durch die vom Wendefeld induzierten Spannungen erzeugt werden. Außer dem Bürstenfeuer gelten die Brandstreifen unter den Bürstenflächen als äußerlich gut erkennbare Symptome fehlerhafter Stromwendung. Die scharfe und enge Begrenzung von Brandstreifen illustriert deutlich den impulsartigen Verlauf der Stromwendung. Um den Fortgang der Untersuchung nicht durch Aufzählung von Beispielen zu stören, wurden in einem besonderen Abschnitt interessante Beispiele der Praxis zusammengetragen. Eine Bürstenqualität, die gegen alle möglichen Störungen der Politurzustände der Gleitfläche konstantes Verhalten zeigt, existiert nicht. Es gibt für jeden vorkommenden Fall jeweils nur eine optimale Zusammensetzung des Bürstenmaterials. Die Beeinflussung des Politurzustandes durch besondere Polierbürsten, Schmirgelbürsten oder Fettbürsten hat sich in der Praxis in einzelnen Fällen gut bewährt. Ebenso erfolgreich ist ein anderer Weg, die beiden Polaritäten jeweils mit solchen Bürsten zu besetzen, die der Eigenart der Polarität entsprechen.

1. Stromwendung.

Auf einem Schleifring fließt der Strom der Bürste von der rechten und von der linken Ringhälfte zu, so lange der Anschlußpunkt des Ringes außerhalb der Bürstenfläche liegt. Die Stromrichtung in einem bestimmten Ringelement außerhalb der Anschlußstellen wechselt entsprechend der Drehzahl des Ringes. Bei einem Schleifring, der mit 3000 Umdrehungen pro Minute läuft, ergeben sich somit 50 Wechsel pro Sekunde. Bei Gleichstrom ergibt sich für ein Ringelement eine Kurvenform des Stromes, wie sie in Abb. 15 dargestellt ist.

Die Stromwendung vollzieht sich in der Zeit T, das ist in der Zeit, in der das als unendlich kurz gedachte Ringelement die Hertzsche Fläche durchläuft. Auf einem Stahlring z. B. mit 50 m/s Umfangsgeschwindigkeit beträgt die Stromwendungszeit für eine Hertzsche

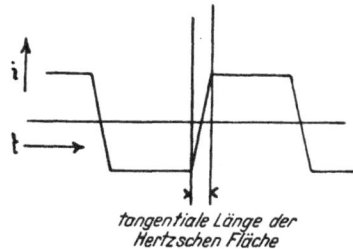

Abb. 15. Stromwendung auf einem Schleifring.

Fläche von 2 mm Länge $1/_{25000}$ s. Infolge der selbst bei dem magnetischen Stahl geringen Induktivität des Ringelementes entstehen nur kleine Ausgleichsspannungen, die Wirbelströme im Innern des Ringelementes zur Folge haben.

Auf dem Kommutator liegen prinzipiell zwar gleiche Verhältnisse vor. Aber das hier zum Wickelelement gewordene Ringelement hat, sowohl durch die Schleifenform und Länge des Leiters als auch durch seine Einbettung in das magnetische Eisen des Ankers, weit größere Induktivität bekommen. Ferner tritt die Ausgleichsspannung, hier Reaktanzspannung genannt, an den Enden des Wickelelementes zwischen den gegeneinander isolierten Kommutatorsegmenten auf. Die Ausgleichsspannung wird also nunmehr in der Gleitfläche der Bürste wirksam, während sie im Innern des massiven Ringes in sich geschlossene Wirbelströme zur Folge hatte. Zwar besteht auch in der in sich geschlossenen Wicklung des Ankers ein metallischer Nebenschluß an den Enden des Wickelelementes, aber die hohe Induktivität sperrt diesen Weg gegen den Ausgleichsstrom.

Die Vorstellung von der geringen Ausdehnung der Hertzschen Fläche im Verhältnis zur scheinbaren Bürstenfläche zwingt nun zu einer Revision der klassischen Anschauung, daß in tangentialer Richtung, etwa in der Mitte der Bürste, eine axiale Trennungslinie die Lauffläche der Bürste in zwei Teile teilt, von denen jede die Stromübertragung eines und nur eines der beiden Ankerzweige vollzieht. Den Kurzschluß stellt man sich dann als einen zylindrischen Wirbel vor mit der Achse in der Trennungslinie und mit einem Durchmesser gleich der tangentialen Bürstendicke. Die Überlagerung der Wirbelstromdichte über die Stromdichte der beiden Ankerzweige ergibt dann Punkt für Punkt nach dieser Auffassung die Stromdichte in den einzelnen Punkten der Lauffläche.

Die Kurzschlußzeit der klassischen Berechnung schrumpft in dem Maße zusammen wie die tangentiale Bürstendicke zur tangentialen Ausdehnung der Hertzschen Fläche zusammenschrumpft. Genau genommen schrumpft die Kurzschlußzeit noch mehr zusammen, da nämlich die Hertzsche Fläche nicht ruhig über die Isolationsnut gleitet, sondern über die Isolationsnut springt. Schon Arnold (»Experimentelle Untersuchung der Kommutation bei Gleichstrommaschinen«, aus: Arbeiten aus dem Elektrotechnischen Institut Karlsruhe 1909) hat bei der oszillographischen Aufnahme von Stromkurven eines Wickelelementes die überraschende Feststellung gemacht, daß die Stromwendung sich in erheblich kürzerer Zeit vollzieht, als durch die tangentiale Bürstenüberdeckung zur Verfügung steht. Aus der Zusammenfassung der Ergebnisse folgt hier wörtlich zitiert Punkt 6: »Eine gradlinige Kommutation über die ganze Kurzschlußzeit tritt nur ausnahmsweise auf. Die Zeit, in der die Kommutation sich vollzieht, ist im allgemeinen kürzer als die der Bürstenbreite entsprechende Kurzschlußzeit. Je schwächer das kommutierende Feld ist, um so mehr wird die Zeit der eigentlichen Stromwendung gegen die ablaufende Bürstenkante verschoben. «

Allerdings ist die Verkürzung der Kurzschlußzeit nicht immer in dem Maße festgestellt, wie man es nach dieser Überlegung erwarten sollte. Bei hohen Stromstärken wird bei dem Sprung der Hertzschen Fläche über die Isolationsnut durch den Lichtbogen und Abhebelichtbogen die elektrische Verbindung aufrechterhalten. Taylor (The Journal of the Institution of Electrical Engineers, Vol. 68, Okt. 1930, Nr. 406) hat experimentell den Nachweis erbracht, daß eine leidlich stetige Stromübertragung bei um so höherer Drehzahl möglich ist, je höher die Strombelastung gewählt wird. Die Messungen wurden an einer anodisch belasteten Bürste vorgenommen. Taylor deutet dieses Ergebnis selbst durch den Hinweis, daß die stärkere Ionisierung in Abhebefunken die Widerstandsschwankungen des intermittierenden Berührungskontaktes glättet, da eben der Widerstand des Lichtbogens mit Zunahme der Stromstärke sinkt. Ähnlich liegen die Verhältnisse bei Stromabnehmerrolle oder Bügel bei Straßenbahnen. Unter einer gewissen Mindeststromstärke, die zu etwa 2,5 Amp. gefunden wurde (Hermle, AEG-Mitteilungen, Juni 1932), brennt kein Lichtbogen, so daß es nur bei kleinen Strömen zu wirklichen Kontaktunterbrechungen kommt, die den Rundfunk stören. Auf die Kommutierung angewandt, bedeutet das, daß die geometrische Trennung der Kontaktkörper bei höheren Stromstärken im Augenblick der Kommutierung sich elektrisch nicht zeitgetreu abbildet.

Nicht nur die thermische Ionisierung bei hohen Stromstärken, sondern auch die Stoßionisierung bei Überschreitung der Minimalspannung des Lichtbogens verlängert die Kommutierungszeit über die Dauer der Berührung der Trennfuge der Lamellen mit der Hertzschen Fläche hinaus. Das ist der Fall, wenn die Selbstinduktion des kommutierenden Wickelelementes hoch genug ist, um durch die Selbstinduktionsspannung oder wie man sagt Reaktanzspannung, einen Lichtbogen unterhalten zu können. Ist die Bürste Anode, so kann die auf dem verschmutzten Kommutator in einem Punkt festhaftende kathodische Lichtbogenbasis den Lichtbogen nach erfolgter Berührungszündung von der Hertzschen Fläche weg mit sich über den Keilraum zwischen Bürste und Kommutierung zum ablaufenden Rande hinziehen. Es kommt vor, daß Stromübergang und Kommutierung ganz oder teilweise außerhalb der eigentlichen Bürstenberandung sich an der ablaufenden Bürstenkante in Form eines Lichtbogens vollziehen.

Ist die Bürste Kathode, so haftet bei hoher Reaktanzspannung die kathodische Lichtbogenbasis an einem Punkte der Bürste fest. Unter der Kathode ist Stromabnahme und Kommutierung örtlich an der Bürste konzentriert, unter der Anode an dem Kommutator.

So ist es nach dem Vorstehenden klar, daß nur unterhalb der Grenzbedingungen für Abhebelichtbogen und Lichtbogen die Stromwendung so abrupt verläuft, wie sie aus der geometrischen Überdeckung der Hertzschen Berührungsfläche erfolgen müßte. Aber auch bei Erfüllung der Grenzbedingungen für den Bogenübergang kann die Kommutierungszeit nicht viel länger werden als die eigentliche Berührungszeit, wenn nämlich die Abstände zwischen Bürste und Kommutator außerhalb der Hertzschen Zone sehr groß sind, etwa durch stark abweichende Krümmung der Kontaktteile oder durch Bewegung, z. B. Rattern der Bürste. Der Bogen erlischt dann schneller durch den größeren Abstand. Zwar liefert jede Selbstinduktion bei hinreichend schneller Kontaktunterbrechung eine höhere Spannung als die Minimalspannung des Lichtbogens, aber bei den kleinen Selbstinduktionen des Wickelelementes, wie sie normalerweise vorkommen, wirkt diese nur äußerst kurzzeitig.

Man hat gegen die Kommutierung im Einpunktkontakt Einwände gemacht und weist darauf hin, daß bei Laboratoriumsexperimenten mit Kommutatoren, deren gerade und ungerade Lamellen jeweils zusammen mit einem Schleifring verbunden waren, Bürsten, die mehr als eine Lamelle bedecken, einen stetigen Stromdurchlaß ermöglichen. Das ist richtig, aber in allen bekannten Fällen wurden unter Vorschaltung von Widerständen Stromquellen mit so hohen Spannungen benutzt, daß an den offenen Lamellen in Fällen von Kontakttrennung oder

Kontaktlockerung mehr als die Minimalspannung des Lichtbogens vorhanden war. Ferner wurden Stromstärken angewandt, die ebenfalls weit über der Minimalstromstärke lagen. Es konnte also unter allen Umständen zu Berührungszündung und Lichtbogen kommen, so daß der Stromdurchgang ununterbrochen bleibt. Diese Anordnungen, hohe Netzspannung, Vorschaltwiderstand und Berührungszündung durch Lockerteilchen in der Staubzone oder durch kurzzeitige Bewegungen, die Zündungen in der Übergangszone ermöglichen, erfüllen vollkommen die Bedingungen zur Herstellung eines Lichtbogens. Es tritt also eine Ergänzung zum Einpunktkontakt durch Ionenübertragung auf.

Bisher war nur von einer Bürste die Rede. Bei mehreren auf einer Spindel parallel geschalteten Bürsten mit örtlich verschieden gelegenen Hertzschen Flächen ergibt sich nach dem Vorstehenden eine Aufteilung der Kommutierung der beiden auf eine Spindel entfallenden Ankerzweigströme in Teilkommutierungen, entsprechend der Aufteilung des Stromes auf die einzelnen Bürstenexemplare. Die Verhältnisse sind an einem Beispiel in Abb. 16 idealisiert dargestellt. Es liegen 5 Bürsten mit 1 bis 5 numeriert parallel. Die Laufflächen sind übertrieben lang in tangentialer Richtung gezeichnet. Ferner sind 5 Stellungen der zu dem betrachteten Wickelelement gehörigen Isolationsnut gezeichnet. Angenommen sind 5 Kontaktpunkte (durch Kreise umrahmt), von denen je einer unter einer anderen Bürste liegt. Der gesamte Spindelstrom beträgt 1000 Amp. Pro Bürste werden 200 Amp. abgeführt. Die Kommutierung jeder Teilmenge ist aus zeichnerischen Gründen auf der Kurzschlußstromkurve linear angenommen. Auch ist die eigentliche Kommutierungszeit als Durchlaufzeit einer Isolationsnut ein unterer Grenzwert, der nur für den Fall einer Abschaltung ohne Ionisierung gilt. Die Kommutation des gesamten Spindelstroms vollzieht sich also in Etappen.

Bei mehreren parallel geschalteten Bürsten auf einer Spindel mit verschieden gelegenen Hertzschen Flächen ergibt sich nun eine veränderte Situation für die bei jeder Teilkommutierung entstehende Reaktanzspannung. Der zwischen den Segmentkanten auftretende Spannungsimpuls trifft nun nicht mehr die Hertzsche Fläche und anschließend die anderen Zonen des ihm zugehörigen Bürstenexemplars allein, sondern

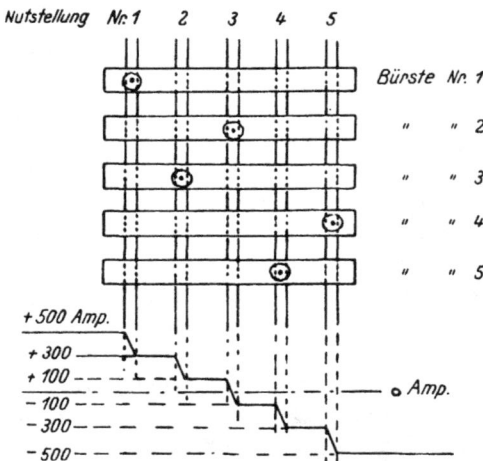

Abb. 16. Stromwendung in Stufen.

auch die Laufflächen der anderen Bürsten, und zwar in der Hertzschen
Fläche oder Staubzone oder Überschlagszone. Je nach deren Leitfähigkeit wirken dann diese Nachbarexemplare als Parallelwiderstand zur
Funkenstrecke des gerade an dieser Stelle kommutierenden Exemplars
und löschen so unter Umständen den unter diesem vorbeieilenden Lichtbogen. So können alle Lichtbögen nur bis zur Linie der in der Drehrichtung letzten Hertzschen Zone vordringen mit Ausnahme dessen, der
vom letzten Exemplar selbst herrührt.

Die vorstehend geschilderte, räumliche Verteilung von Kontaktpunkten und Teilkommutierungen entsprechend der Lage der Hertzschen
Flächen ist ein Idealfall. Wir werden im folgenden sehen, daß die Lage
der eigentlichen Stromabnahmepunkte sehr stark von der Potentialkurve beeinflußt wird.

2. Der Einfluß der Potentialkurve auf den Ort der Strom-
abnahme.

Bekanntlich bestimmt man die Potentialkurve auf dem Gleichstrom-
kommutator, indem man die Mittelwerte der Spannungen zwischen
Bürstenspindel und den Kommutatorpunkten innerhalb und außerhalb
der Bürstenbedeckung mit einem trägen Voltmeter mißt. Man nennt den
Teil der Potentialkurve innerhalb der Bürstenbedeckung auch das
Kommutierungsdiagramm, weil man annimmt, daß der unter den Bürsten
befindliche Teil der Potentialkurve sehr stark von den Kommutierungs-
spannungen und Kurzschlußströmen beeinflußt wird. Wir werden später
sehen, daß diese Bezeichnung zu Unrecht besteht, da der Kommutierungsvorgang das Potentialdiagramm nicht in dem allgemein angenommenen
Sinne beeinflußt. Es wird daher im folgenden stets die Bezeichnung
Potentialdiagramm oder Potentialkurve gebraucht.

Nimmt man die Potentialkurve einer belasteten Maschine so auf,
daß die gemessenen Werte positiv aufgetragen werden, so erhält man,
wenn man die Potentiale genügend weit
außerhalb der Bürste nach beiden Seiten
weiter mißt, eine Kurve nebenstehender
Gestalt:

Auf beiden Seiten geht die Potentialkurve durch Null. Die Potentialkurve als Integralkurve des resultierenden Feldes liegt
räumlich bei einer bestimmten Belastung

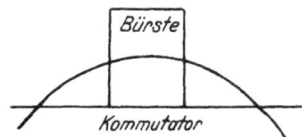

Abb. 17. Potentialkurve innerhalb
und außerhalb der Bürstenberandung.

einer wendepollosen Maschine ziemlich fest, unabhängig von der Lage
der Bürsten. Man kann also die Bürsten nach beiden Seiten so verschieben, daß sie unsymmetrisch zu den Nullpunkten liegen, so daß,
etwa im Sinne der Drehrichtung gesprochen, der steigende oder fallende

Ast unterhalb der Bürstenüberdeckung liegt. Bei einer Maschine mit Wendepolen liegt die Potentialkurve bei allen Belastungen fest durch die Kompensation des Ankerfeldes. Man kann bei der Wendepolmaschine ebenso durch Verschieben der Bürsten diese in der einen oder anderen Richtung unsymmetrisch zu den Nullpunkten bringen, also ebenfalls eine steigende oder fallende Charakteristik des Potentialdiagramms unter der Bürste beliebig einstellen. Bei der Wendepolmaschine besteht noch die weitere Möglichkeit, durch Über- oder Unterkompensation des Ankerfeldes, d. h. durch Verstärken oder Schwächen des Wendepolkraftflusses die Potentialkurve zu den festliegenden Bürsten in dem einen oder anderen Sinne zu verschieben. Man kann also wiederum beliebig den ansteigenden oder abfallenden Ast der Potentialkurve unter die Bürste schieben. In allen Fällen kann die gegenseitige Verschiebung sogar über den einen oder anderen Nullpunkt hinaus erfolgen, so daß also dann unterhalb der Bürste Potentiale beider Vorzeichen gemessen werden, wenn der Nullpunkt innerhalb der Bürstenbedeckung liegt.

Nach Arnold (»Die Gleichstrommaschine«, Bd. 1, 1919, S. 311 usw.) wird das unter den Bürsten liegende Stück der Potentialkurve um so mehr abgeflacht, je kleiner der Übergangswiderstand ist. Bedeckt die Bürste etwa ein steiles Stück der Potentialkurve, so entstehen Kurzschlußströme, welche die Potentialkurve unterhalb der Bürste abflachen. Je geringer der Spannungsabfall der Bürste ist, um so stärker ist auch die Abflachung der Potentialkurve. Je höher der Spannungsabfall ist, desto mehr kann die Potentialkurve die Form beibehalten, die sie besitzt, wenn überhaupt keine Bürsten vorhanden sind.

Den gleichen Einfluß auf die Gestalt der Potentialkurve, wie hoher Spannungsabfall etwa als Folge oxydischer oder anderer schwerleitender Schichten auf der Kommutatoroberfläche, hat auch die Ausschleuderung der Bürstenkrümmung und die damit verbundene Verkürzung der Hertzschen Berührungsfläche. Die Potentialkurve wird außerhalb der Hertzschen Fläche in der Staubzone infolge des hohen Widerstandes des Staubbelages oder in der Überschlagszone durch den unendlich hohen Widerstand der Luftstrecke überhaupt nicht deformiert. Ist das unter der Bürste liegende Stück der Potentialkurve (bei abgehobenen Bürsten) steil, so bleibt es fast ebenso steil bei eingeschränkter Berührung.

Die vorstehenden Überlegungen machen die weiteren Beobachtungen der Praxis verständlich, daß die Potentialkurve der frisch eingeschliffenen Bürste flacher verläuft als derjenigen, die mehrere Tage oder Wochen gelaufen hat. Die Bürstenkrümmung wird im Laufe des Betriebes langsam ausgeschleudert, so daß die Hertzsche Zone sich verkürzt. Ferner kommt es vor, daß infolge schlechter Kommutierung der ablaufende Bürstenrand sich stärker abnutzt, sodaß also auch aus diesem Grunde die Krümmung der Bürste mehr und mehr von der Krümmung des Kommutators abweicht. Die zeitliche Veränderlichkeit der Gestalt der

Potentialkurve zeigt ganz krasse Beträge, wenn Bürsten vom Typus C, also solche mit wenigen harten Bestandteilen, verwandt werden. Die oxydische Deckschicht des Kommutators wird von den wenigen harten Bestandteilen nur an wenigen Stellen ausgekratzt. Die Lauffläche der Bürste wird also noch selektiver, als sie bereits durch die enge Begrenzung der Hertzschen Fläche auf der ausgeschleuderten Krümmung ist. Auf einem Einanker-Umformer 300 Volt, 5000 Amp. zeigten die Bürsten vom Typus C nach dem Einstellen des Wendefeldstromes auf funkenfreien Lauf gemessen vom auflaufenden bis zum ablaufenden Rand folgende Spannungswerte:

Nr. 1 . . . . 1,52 Volt
» 2 . . . . 1,56 »
» 3 . . . . 1,15 »
» 4 . . . . 0,18 »

Nach 8 tägiger Betriebsdauer lauteten die Spannungswerte wie folgt:

Nr. 1 . . . . 4,1 Volt
» 2 . . . . 3,3 »
» 3 . . . . 2,0 »
» 4 . . . . 1,6 »

Die Differenz zwischen Nr. 1 und 4 betrug also im Anfang 1,34 Volt und nach 8 Tagen 2,5 Volt. Die Potentialkurve verlief also nach 8 Tagen wesentlich steiler. Die frisch geschliffenen Bürstenflächen berührten den frisch geschliffenen Kommutator vollflächig und ohne kontakthemmende Fremdschichten, während nach einiger Betriebszeit die Berührung unvollkommen wurde. Es ist hinzuzufügen, daß mittlerweile auch Funkenbildung eingesetzt hatte, sodaß durch Kohlenstoffbelag des Kommutators auch die mittlere Übergangsspannung ganz erheblich anstieg. Ein Fall, wie der eben erwähnte, wo eine krasse zeitliche Änderung der Potentialkurve, sowohl der mittleren Höhe als auch der Steigung nach, festgestellt wird, ist häufiger in der Praxis beobachtet. Man beobachtet dann regelmäßig, daß das Abschmirgeln des Kommutators und zu gleicher Zeit das Neueinschleifen der Bürstenkrümmung den Mittelwert der Potentialkurve senkt und die Neigung wieder verringert. Im allgemeinen aber liegen die periodischen Änderungen der Potentialkurve innerhalb enger Grenzen und verlaufen selbsttätig, also ohne äußeres Zutun, in beiden Richtungen. Man könnte auch hier den Einfluß der Feuchtigkeitshaut anführen, und zwar so, daß bei stärkerer Luftfeuchtigkeit die Absonderung von Kohlenstoff beschleunigt wird. Die Erhöhung der Reibung und Selektivität der Kontaktflächen grenzt dann den Kontaktbezirk ein und überläßt dann damit die Potentialkurve mehr sich selbst. Es ist aus den vorstehenden Überlegungen wahrscheinlich, daß gerade die Anode die Erscheinungen beschleunigt, wenn nicht etwa hohe induktive Belastung bei kleineren Maschinen die Kathode zur Substanzabsonderung im Unterbrechungsfunken zwingt. Beobachtungen über die Abhängigkeit der Potentialkurve unter der Bürste in Abhängigkeit von der Luftfeuchtigkeit sind, soweit bekannt, noch nicht gemacht worden, so daß für diese Erklärung Unterlagen fehlen.

Ein anderes Beispiel für die zeitliche Änderung der Potentialkurve lieferte eine Maschine, die als Steuerdynamo auf einer Kohlengrube in Tätigkeit ist. In ziemlich regelmäßigen Abständen von 14 Tagen mußte der Kommutator geschmirgelt werden, da Funkenbildung einsetzte. Das gleichzeitig gemessene Potentialdiagramm ergab bei dem frisch abgeschmirgelten Kommutator einen nahezu horizontalen Verlauf der Potentialkurve, dagegen verlief nach 14 Tagen die Potentialkurve so steil, daß sie innerhalb der Bürste die Null-Linie durchschnitt. Es handelte sich in diesem Falle um eine Bürste der Marke B.

In einer ganzen Reihe von Fällen konnte festgestellt werden, daß der Verlauf der Potentialkurve auf ein und derselben Maschine bei verschiedenen Bürstensorten ganz verschieden ausfiel. Auf einer Maschine wurden bei einer Bürstensorte A an drei Punkten der Lauffläche folgende Spannungswerte gemessen:

Nr. 1 . . . . 0,9 Volt

» 2 . . . . 0,9 »

» 3 . . . . 0,8 »

Mit einer anderen Bürstensorte C ergaben sich:

Nr. 1 . . . . 1,0 Volt

» 2 . . . . 1,3 »

» 3 . . . . 0,7 »

Nach der voraufgegangenen Beschreibung der Potentialkurve und ihrer Abhängigkeit von dem Verhalten des Bürstenmaterials zu den kontakthemmenden Deckschichten der Kommutatoroberfläche sowie von der Krümmung der Bürstenfläche soll nun ihr Einfluß auf den Ort der Stromabnahme unterhalb der Bürstenfläche behandelt werden. Wird an einer bestimmten Stelle durch eine Hilfsspannung die kontakthemmende Fremdschicht durchschlagen oder in der Staubzone ein Lichtbogen oder Abhebebogen gezündet, dann tritt der gesamte Strom der Bürste an dieser Stelle über, wenn Hilfsspannung und Nutzstrom gleichgerichtet sind und an allen anderen Stellen der Kontakt ungenügend ist. Dieser Fall liegt am Kommutator vor, wenn die Potentialkurve steil unterhalb der Bürste verläuft. Es fließt dann ein Querstrom, hervorgerufen durch die Überdeckung verschiedener Potentialwerte. Bei guter tangentialer Berührung und niedrigem Übergangswiderstand ist der Querstrom groß und die Querspannung gering. Bei mangelhafter Berührung und hohem Übergangswiderstand ist der Querstrom gering, aber die Querspannung groß. Auf jeden Fall aber ist für einen gut leitenden Ionenpfad gesorgt, wenn das Potentialdiagramm genügend steil verläuft, oder mit anderen Worten, wenn in dem Wickelelement unter der Bürste eine ausreichende Rotationsspannung induziert wird. Der Nutzstrom tritt dann dort über, wo Querspannung und Querstrom einen gleichgerichteten Ionenpfad erzwingen. Es ist nicht schwierig, den Zusammenhang zwischen Neigung der Potentialkurve A, Richtung des Hilfsstroms B, Richtung des Nutzstroms C und Drehrichtung des Kommutators D für Anoden und Kathoden zu verstehen, wenn man Abb. 18 betrachtet.

Man braucht ja nur die zwischen den Bürstenkanten gemessene Potentialdifferenz, auch Kantenspannung genannt, sich auf das Vorzeichen anzusehen, um die Richtung des Querstroms zu finden. Der Nutzstrom tritt an den mit einem Kreis bezeichneten Stellen über. Je nach der Neigung der Potentialkurve kann also der eigentliche Ort des Stromüberganges zur auf-

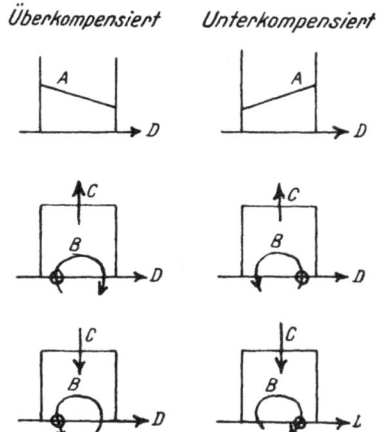

{Abb. 18. Potentialkurve. Nutzstrom und Hilfsstrom.

laufenden oder ablaufenden Bürstenkante hingeschoben werden.

Von dieser Idee der Hilfsionisierung wird in der Patentliteratur (SSW.: M. Schenkel 1930, DRP. 493 212, »Einrichtung zur Verbesserung des Stromüberganges zwischen Bürsten und umlaufenden Stromabnehmerteilen elektrischer Maschinen«) Gebrauch gemacht. Nach dem Vorschlage von Schenkel wird ein zweiter, getrennter Hilfsstromkreis über Bürsten- und Kommutatorsegment geleitet, um die Ionisierung des Gebietes des Stromübergangs zu sichern. Dieser Vorschlag wird praktisch dadurch gelöst, daß eine Hilfsbürste neben den eigentlichen Bürsten auf denselben Lamellen schleift. Der Hilfsstromkreis besteht nun aus einer Stromquelle, etwa einer isoliert aufgestellten Akkumulatorenbatterie, den Hauptbürsten, den unter den Bürsten liegenden Kommutatorsegmenten und der Hilfsbürste. Die Patentschrift sagt aber nichts über die Möglichkeit, den Hilfsstrom nur auf bestimmte Flächenteile der Bürsten zu beschränken.

Man kann also die Stromabnahme zur auflaufenden oder ablaufenden Bürstenkante hin verschieben, und zwar innerhalb der Hertzschen Fläche und der Staubzone. Nun läßt sich auch die Erscheinung des Aufglühens der Bürstenkanten vollständig erklären. In Teil I, Abschnitt 9, »Ungleichmäßige Stromverteilung in der Parallelschaltung von Bürsten« wurde bereits das Aufglühen der Bürstenränder als eine Folge der Selektivität der Bürsten gedeutet. Wir können nun ergänzend sagen, daß das Aufglühen nur dort stattfindet, wo hohe Spannungen den Übergang großer Stromstärken außerhalb der Hertzschen Berührungsfläche in der Staubzone vermitteln. Über der Hertzschen Fläche könnte ein Aufglühen in der Nähe der Kontaktfläche infolge guter Wärmeableitung zum Kommutator hin nicht stattfinden. Es sei hier an die bekannte Erscheinung erinnert, daß Kontaktstücke bei Schaltern an den Kontaktflächen aufglühen, wenn sie in lockerer Berührung stehen. Ähnliches beobachtet man an Bürsten, wenn sie schwach angehoben werden. Das Aufglühen wandert an den Bürstenrändern lebhaft hin und her und springt von einem Bürstenexemplar zum anderen, entsprechend dem Abbrand, der die Distanz vergrößert und damit den Stromübergang von einer Stelle zur anderen treibt. Es sei hier wieder auf das Experiment von Arnold (Arnold-La Cour, »Die Gleichstrommaschine«, I. Band, S. 292, 1919) verwiesen, wo selbst bei 500 Amp./cm² Stromdichte die Lauffläche der Bürste selbst vollkommen dunkel blieb. Bei diesem Versuch fielen die Hertzsche Fläche und der Stromübergang zusammen, da es sich um eine Belastung wie auf einem Schleifring handelte, bei der außerhalb der Hertzschen Fläche keine größeren Spannungen auftraten. Die Bürste kann eben nur außerhalb der Hertzschen Fläche an der Lauffläche aufglühen, wenn dort höhere Potentialdifferenzen wirksam sind als in der Hertzschen Fläche.

Tatsächlich beobachtet man in der Praxis, daß bei Überkompensation des Ankerfeldes, also etwa bei zu weit vorgeschobenen Bürsten eines wendepollosen Generators oder zu starkem Wendefeldfluß eines Wendepolgenerators, einzelne auflaufende Bürstenkanten glühen, während im entgegengesetzten Falle die ablaufenden Bürstenkanten glühen. Die Abhängigkeit des Ortes der Kommutierung oder, da Stromabnahme und Kommutierung örtlich zusammenfallen, des Ortes der Stromabnahme von der Neigung der Potentialkurve wurde bereits von Arnold (Arnold, »Experimentelle Untersuchung der Kommutation bei Gleichstrommaschinen«, S. 22, Arbeiten aus dem Elektrotechnischen Institut der Technischen Hochschule Karlsruhe, 1908 bis 1909) festgestellt. Arnold findet, daß sich die Stromwendung bei Unterkommutation am ablaufenden und bei Überkommutation am auflaufenden Bürstenrande vollzieht. Die Stromwendung verläuft um so schneller an der einen oder anderen Kante, je steiler das Potentialdiagramm verläuft. Die hohen Spannungen erzeugen eben einen derartig gut leitenden Ionenpfad, daß Stromabnahme und Stromwendung diesen überwiegend bevorzugen.

In gleicher Weise sind die Experimente von Schenfer (Claudius Schenfer, »Einfluß der Wendepole auf die Stromverteilung zwischen den gleichnamigen Bürsten bei Gleichstrommaschinen«, E. u. M. Wien 1928, S. 985) zu deuten. Schenfer zeigt hier, wie durch Änderung der Wende-

feldstärke, also durch Verlagerung der Potentialkurve, die Stromverteilung auf die parallel geschalteten Bürstenexemplare beeinflußt wird.
Schenfer verwendet hier auch bereits die Vorstellung, daß die Bürste
nicht mit ihrer ganzen Fläche den Kommutator berührt. Es werden nur
diejenigen Hertzschen Flächen der parallel geschalteten Bürsten zur
Stromleitung herangezogen, die von den zugehörigen Potentialwerten
der Potentialkurve dazu begünstigt werden. Von den drei Bürsten der
Versuchsanordnung von Schenfer liegt eine Bürste mit der auflaufenden
Kante und zwei liegen mit den ablaufenden Kanten auf, so daß bei Überkompensation die erstere den größten Anteil des gesamten Spindelstroms
nimmt, während bei Unterkompensation die beiden letzteren zusammen
sich in den Spindelstrom teilen. Die Potentialunterschiede zwischen der
auflaufenden und ablaufenden Bürstenkante können durch die Steilheit
der Potentialkurve so groß werden, daß nennenswerte Ausgleichströme
zwischen den verschiedenen Exemplaren derselben Spindel fließen. Je
nach der Einstellung der Potentialkurve fließt dann der Strom entweder
in dem auf der auflaufenden Kante arbeitenden Exemplar, oder in dem
auf der ablaufenden Kante arbeitenden Exemplar in einem dem Nutzstrom entgegengesetzten Sinne.

Die Praxis bietet eine gute Gelegenheit, die Abhängigkeit der tangentialen Stromverteilung von der Potentialkurve zu erkennen, und zwar
bei den Niederspannungsdynamos der Galvanotechnik, auf denen häufig
dreifach gestaffelte Bürsten angewandt werden. Bei Unterkompensation werden die in der Drehrichtung am weitesten vorgestaffelten
Bürsten vom Strom bevorzugt, so daß infolge Überlastung die Kabel
dieser Bürsten ausglühen. Das wird sogar beobachtet, wenn als vorgestaffelte Metallgraphitbürste eine solche mit hohem Graphitgehalt, also
mit einem hohen Übergangswiderstand in der Lauffläche, parallel zu den
rückwärts gestaffelten Bürsten mit geringem Graphitgehalt, also niedrigem Übergangswiderstand, verwandt wird. Durch die unter der vor
gestaffelten Bürste vorhandene höhere Hilfsspannung wird diese so begünstigt, daß die Unterschiede des Übergangswiderstandes ohne Einfluß
bleiben. Verschiebt man die Bürsten in der Drehrichtung des Generators,
so kann man Stellungen erreichen, in denen die Vorlaufkohlen überhaupt keinen Strom mehr übertragen. Bei einer derartigen Einstellung
wurde einmal das vorgestaffelte Exemplar auf die ablaufende Kante und
dann auf die auflaufende Kante gekippt. Auf die ablaufende Kante
gekippt, blieb die Stromaufnahme gleich Null, dagegen auf die auflaufende
Kante gekippt, nahm die Vorlaufkohle ebensoviel Strom auf wie die
Hauptkohle. Durch Kippen auf die auflaufende Kante wurde die Hertzsche Fläche der Vorlaufkohle in die Zone einer geeigneten Hilfsspannung
gedrückt.

Je nach der Form der Potentialkurve kann die Zone der eigentlichen
Stromabnahme auch zwischen der auflaufenden und ablaufenden

Bürstenkante liegen. Die Potentialdiagramme zeigen in solchen Fällen größere Werte in der Mitte als an den Kanten der Bürsten. Als Beispiel seien die Werte eines 1000-kW-Einankers angegeben. An den Plusbürsten wurde gemessen: 1,2, 1,6 und 0,6 Volt, an den Minusbürsten: 1,3, 1,7 und 0,8 Volt. Man beobachtet bei starker Selektivität der Bürstenmarke dann auch Aufglühen an den tangentialen Bürstenrändern, und zwar in der Zone, wo die Stromabnahme durch das Potential hingezwungen wird. Das tritt ein, wenn der glühende Stromabnahmebezirk bei seiner Wanderung die seitlichen Ränder trifft.

Es gibt eigentlich keine ruhende Potentialkurve. Nimmt man an jedem Punkte der Bürstenbedeckung ein Oszillogramm auf, so stellt man überall eine zeitliche Veränderung des Potentialwertes mit mehr oder minder großer Schwankung fest. Sicherlich werden die hohen momentanen Spitzen der Potentialdifferenz zwischen den Bürstenkanten den Übergang des Nutzstromes lawinenartig einleiten.

Zusammenfassung. Die am Kommutator gemessene Potentialkurve wird unterhalb der Bürste um so stärker abgeflacht, je besser der Kontakt ist. Die Potentialkurve nähert sich ihrer ursprünglichen Gestalt (ohne Bürsten) um so mehr, je stärker der kontakthemmende Belag auf dem Kommutator und je stärker die Bürstenkrümmung ausgeschleudert ist. Sind die Differenzen der Potentialwerte groß genug, um einen Querstrom über die Widerstände in der zur Verfügung stehenden Übergangsfläche zu ermöglichen, so wirkt dieser da, wo er mit dem Nutzstrom gleichgerichtet ist, gleichsam als ein Ventil des Nutzstroms. Der Nutzstrom kann dann außerhalb der Hertzschen Fläche übertreten. Die in den kurzgeschlossenen Wickelelementen induzierten Rotationsspannungen, aus denen ja die Potentialkurve aufgebaut ist, bestimmen damit durch ihre räumlich fixierte Lage den eigentlichen Ort des Stromüberganges in der Bürstenfläche. Der elektrische Kontakt wird damit unabhängig von dem mechanischen Kontakt in der Hertzschen Fläche. Darin unterscheidet sich die Stromübertragung auf dem Kommutator wesentlich von der auf dem Schleifring.

3. Funkenbildung.

Die wichtigste Erscheinung an Kommutatorbürsten ist die Funkenbildung, weil erfahrungsgemäß die Funken zu vorzeitiger Abnutzung des Kommutators und der Bürste führen. Außerdem können Funken den Betrieb stören, da die langsam durch kleine Funken mehr und mehr verdorbenen Kontaktflächen der Bürsten und des Kommutators stärkere Funken verursachen, die wegen Überschlagsgefahr einen weiteren Betrieb unmöglich machen. Zwar erweist sich in zahllosen Fällen eine geringe Funkenbildung in keiner Weise nachteilig für die Abnutzung von Kommutator und Bürste, aber es bleibt da ein weiterer Einwand, nämlich die Störung des Rundfunkbetriebes. Zuletzt aber steht bei Abwesenheit aller anderen Einwände gegen die Funkenbildung das Gefühl des Technikers, daß der Funke ein Makel an seinem sonst so vollkommenen Werke ist. Es soll nun im folgenden die Erscheinung der Funkenbildung beschrieben und begründet werden.

Im allgemeinen ist mit Funkenbildung die sichtbare Leuchterscheinung gemeint, die von glühenden festen Teilchen oder von leuchtenden Gasstrecken ausgeht oder von beiden zugleich. Solche Erscheinungen treten an Kontaktteilen auf, zwischen denen elektrische Stromkreise geschlossen oder geöffnet werden. Das am weitesten vorspringende Teilchen wird beim Schließen zuerst vom Strom getroffen und durch Überlastung zum Glühen gebracht, beim Öffnen dagegen zuletzt. Bei hohen Stromstärken werden diese relativ locker sitzenden Teilchen durch den Gasdruck, der bei der plötzlichen Entgasung entsteht, herausgeschleudert und als Feuerstrahlen sichtbar. Bei der Öffnung von Stromkreisen kommt unter bestimmten Bedingungen außerdem noch ein Lichtbogen zustande, also eine leuchtende Gasstrecke.

In der Praxis der Elektromaschinen pflegt man 4 Arten von Bürstenfeuer zu unterscheiden: den Lichtbogen, das Zungenfeuer, das Spritzfeuer und das Perlfeuer. Vom Lichtbogen beim Bürstenfeuer kann man sprechen, wenn zwischen einem Kommutatorpunkt und einem Punkt außerhalb der ablaufenden Bürstenkante, also einem Punkte der Seitenfläche der Bürste über eine gewisse Strecke eine unruhig flackernde, meist grünlich leuchtende voluminöse Flamme brennt. Das Zungenfeuer kann als ein breites, weißlich oder rötlich leuchtendes Lichtband beschrieben werden, das in ruhigem konstantem Strom von der ablaufenden Bürstenkante her in Drehrichtung dicht auf dem Kommutator wie eine leckende Zunge aufliegt. Das Spritzfeuer besteht aus einzelnen aus der Lauffläche in jeder Richtung, meist aber in Drehrichtung herausschießenden kurzzeitigen Funkenstrahlen. Unter Perlfeuer versteht man mehr oder weniger in der Helligkeit wechselndes Flimmern unmittelbar an den Kanten der Bürste. In der Aufzählung wurde das Feldfeuer, das sind zwischen den Bürstenspindeln ohne Zusammenhang mit den Bürsten auftretende Leuchterscheinungen, nicht erwähnt. Die auf dem bündig stehenden Glimmer befindlichen Graphitschichten und Staubketten flammen bei hinreichender Lamellenspannung zwischen den Bürstenspindeln kurze Zeit auf und erwecken so den Eindruck von leuchtenden Strichen entlang dem Umfang des Kommutators. Diese Funken verdienen im Zusammenhang der vorliegenden Abhandlung kein besonderes Interesse.

Der Lichtbogen tritt nach den früheren Ausführungen nur an der Anode sichtbar in Erscheinung. Beobachtet wird der Lichtbogen bei stark vibrierenden Bürsten oder unrunden Kommutatoren hoher Drehzahl oder bei verbrannten Lamellen oder Lamellengruppen oder auch bei zu reichlicher Fettung. Auf jeden Fall also tritt der Lichtbogen bei vollständiger Unterbrechung des Bürstenkontaktes auf. Besonders deutlich wird die Erscheinung auf Turboerregermaschinen, da im Stromkreis die hohe Induktivität des Polrades hohe Selbstinduktionsspannungen für die Unterhaltung des Lichtbogens liefert. Einen solchen außerhalb der Bürstenberandung brennenden Lichtbogen kann man im Laboratorium leicht erhalten, wenn man etwa mit 110 Volt über einen Vorschaltwiderstand eine Schleifringbürste anodisch belastet. Kippt man die Bürste auf die ablaufende Kante, so reagiert die Bürste mechanisch sehr leicht auf die Unebenheiten des Schleifringes. Es entstehen Kontaktunterbrechungen und als Folge davon Lichtbögen, die von dem kathodischen Ansatzpunkt auf dem Schleifring langgezogen werden. Unter der Kathode ist der Lichtbogen dagegen ganz kurz und nur nahe an oder unter der ablaufenden Bürstenkante zu sehen. Dieser bemerkenswerte polare Unterschied des Lichtbogens an feststehender Bürste und rotierendem Schleifkörper beruht darauf, daß die von einem Punkt des Schleifkörpers passierte Luftstrecke leitend gemacht wird, wenn er die kathodische Strombasis, also die Elektronenquelle, trägt. Der Lichtbogen wird um so voluminöser, je höher die Stromstärke ist. Ein sehr sinnfälliges Beispiel für den Lichtbogenübergang bietet der mit Gleichstrom gespeiste Staubsauger- und Ventilatormotor. Die mit nur geringer Anpressung arbeitende Bürste reagiert mechanisch leicht auf die Unebenheiten des Kommutators, sodaß von der Anode aus der Lichtbogen nach außen tritt. Infolge der geringen Stromstärke ist der Lichtbogen ein dünner Faden. Bei dem lebhaften örtlichen Wechsel dieses Fadens erscheint ein Band von der Breite der Bürste, zusammengesetzt aus einer ganzen Reihe von Fäden. Der unruhige Lauf von Bürsten wird nun erheblich verringert, wenn der Kommutator leicht gefettet wird. Es gibt dann weniger Kontaktunterbrechungen und damit auch eine Verminderung des Lichtbogenfeuers. Wird nun aber zuviel Fett aufgetragen, so verschiebt sich Stromübertragung und Stromwendung zur ablaufenden Bürstenkante hin, um an und außerhalb der Bürstenberandung sich im Lichtbogen zu vollziehen. Die Potentialdifferenzen zwischen den Lamellen sind nicht hoch genug, um den dicken isolierenden Fettfilm zu durchschlagen, sodaß also die Stromübertragung unter Vermittlung der höheren Klemmenspannung der Maschine verspätet am ablaufenden Bürstenrand einsetzt. Die Maschine ist hoffnungslos unterkompensiert. Praktisch tritt dieser Fall ein, wenn durch fehlerhafte Lager Öl auf den Kommutator kommt. Bei genügend hoher Klemmenspannung, etwa bei Straßenbahnmotoren, kommt es dabei erfahrungsgemäß zu Überschlägen, weil der kathodische Ansatzpunkt auf dem Kommutator den bereits außerhalb brennenden Lichtbogen auszieht. Niederspannungsdynamos von nur einigen Volt Spannung können durch einen Fettfilm sogar gänzlich abgeschaltet werden.

Bei dem Lichtbogen handelt es sich um eine leuchtende Gasstrecke, bei dem Zungenfeuer aber um feinste, weiß oder rötlich leuchtende Materialteilchen, die, dicht an die Kommutatorfläche geschmiegt, in scheinbar ununterbrochenem Strom aus der Lauffläche herausfließen. Das Zungenfeuer ist eine Erscheinung an den Kathoden und hat die gleichen Ursachen wie der außerhalb brennende Lichtbogen an den Anoden. Der infolge vollständiger Kontakttrennung unter den Bürsten gezündete Lichtbogen wird von der kathodischen Strombasis auf der Bürstenfläche festgehalten. Die hocherhitzte kathodische Strombasis liefert reichlich feinste glühende Kohleteilchen, die von der unmittelbar an der Kommutatoroberfläche adhärierenden Luftschicht erfaßt werden und herausgerissen in der schnell bewegten adhärierenden Luftschicht verbleiben, bis sie verbrannt sind.

Das Spritzfeuer besteht aus gröberen, elektrisch aufgeheizten Partikelchen, die aus größerer Tiefe des auslaufenden Keilraums zwischen Bürste und Kommutator durch den hohen Gasdruck infolge der plötzlichen Entgasung durch den Stromdurchgang mit hoher Geschwindigkeit herausgetrieben werden. Meistens beobachtet man das Spritzfeuer an der ablaufenden Bürstenkante, aber es kommt auch an den Seitenkanten und sogar an der auflaufenden Kante, also gegen die Drehrichtung gerichtet, vor, je nachdem wie das erhitzte Partikelchen im Keilraum zur Hertzschen Fläche liegt. Häufig ist das Spritzfeuer von einem heftigen Zischen begleitet, das sich leicht als eine Folge des Austritts der expandierten Gase aus dem sehr engen Keilraum erklären läßt. Bei kupferhaltigen Bürsten werden bei Spritzfeuer Kupferteilchen aus der Lauffläche herausgeschossen, ähnlich wie aus der Metallspritzpistole. Man findet in der Tat, daß Nachbarbürsten oder Halterteile von derart funkenden Bürsten spritzverkupfert werden.

Das Spritzfeuer kann demnach nur entstehen, wenn 1. lockere Teilchen auf der Bürsten- oder Kommutatorfläche vorhanden sind, und 2. diese in lockerer Lage innerhalb des Keilraums, also außerhalb der Hertzschen Fläche, durch Stromübergang erhitzt werden. Das begreift auch den Fall in sich, wo die Hertzsche Fläche durch völlige Kontakttrennung für einen Augenblick verschwindet und bei der Stromeinschnürung das letzte verbindende, aber lockere Teilchen hoch erhitzt wird. Ein gutes Beispiel für Spritzfeuer bietet der drehstromseitig angelassene Einanker-Umformer. Das die Ankerwindungen schneidende Drehfeld erzeugt hohe Spannungen zwischen den Lamellen, die die in der Staubzone lose sitzenden Teilchen zur Entzündung bringen. Ein gleiches Beispiel ist der Wechselstrom-Kommutatormotor, bei dem zwischen den Lamellen eine hohe Transformatorspannung liegt, die außerhalb der Hertzschen Fläche Lichtbögen zünden und unterhalten kann.

Man beobachtet Spritzfeuer häufig an Gleichstrom-Turbogeneratoren hoher Umfangsgeschwindigkeit (40 bis 50 m/s), und zwar, wenn feuchtes

Wetter einsetzt. Zuerst zeigt sich das Spritzfeuer an den Anoden, später auch an den Kathoden. In Teil I wurde gezeigt, wie gerade bei feuchter Witterung reichlicher Kohlenstaub auf die Kommutatorfläche gelangt, in Teil II, daß die Bürsten bei feuchter Witterung leichter rattern. Beide Erscheinungen gehören vorzugsweise zur Anode. Marke C zeigt sich in dieser Beziehung empfindlicher als Marke A. Damit sind die Bedingungen erfüllt, wie sie für das Spritzfeuer formuliert wurden, lockere Kohleteilchen auf Bürsten- und Kommutatorfläche und als Folge des Ratterns weite Keilräume, aus denen die erhitzten Teilchen leicht entschlüpfen können. Die Praxis bestätigt den hier aufgedeckten Zusammenhang durch die Abhilfemaßnahme, den Kommutator zu fetten. Das Spritzfeuer hört momentan mit der Fettung auf, weil eine der Bedingungen, nämlich die des Ratterns, nicht mehr erfüllt ist. Das Spritzfeuer wird nicht nur an hochtourigen Gleichstromgeneratoren beobachtet, sondern auch bei langsam laufenden Maschinen bei starken Verschmutzungen des Kommutators. Je mehr die Stromübertragung und Stromwendung bei ungenügender Kompensation in die Nähe der mechanisch weniger ruhig arbeitenden ablaufenden Bürstenkante gerät, um so größer ist die Möglichkeit, daß dort durch Stromübergang erhitzte lockere Teilchen ins Freie gelangen.

Das Perlfeuer ist eine Leuchterscheinung, die ganz dicht an der Bürstenkante verbleibt. Es handelt sich dabei um aufglühende kleine Partikelchen, die keinerlei Bewegungsimpulse erlangen, weil sie im Freien entgasen können, und auch um winzige leuchtende Gasstrecken, also um kleine Lichtbögen. Das Perlfeuer ist die am meisten vorkommende Funkenbildung, so daß man allgemein unter funkenden Bürsten solche mit Perlfeuer versteht. Perlfeuer entsteht nun, wenn genügend große Ströme am ablaufenden oder auflaufenden Bürstenrand unterbrochen und zugeschaltet werden, so daß entweder die dort befindlichen freien Kohleteilchen an der Bürste oder auf dem Kommutator bis zum Aufleuchten erhitzt werden, oder aber kleine Gasstrecken durch Spannungserhöhung bei Öffnung des Stromkreises zum Leuchten gebracht werden. Es kann sich nun bei der Schließung und Öffnung entweder um Nutzstrom oder um den quer von Lamelle zu Lamelle fließenden Hilfsstrom handeln. Auf die Perlfeuerbildung durch Querstrom kommen wir im nächsten Abschnitt »Wendepol und Funkenbildung« zurück.

Schließung oder Zuschaltung des Nutzstromes findet zwischen auflaufender Lamellenkante und auflaufender Bürstenkante statt, wenn die Lamelle ein Wickelelement mit hoher Spannung im Sinne des Nutzstromes zuschaltet. Das sich hierbei ergebende Perlfeuer am auflaufenden Bürstenrand ist jedoch nicht so allgemein und so wichtig wie das Perlfeuer am ablaufenden Rand. Das Perlfeuer am ablaufenden Bürstenrand, das der Öffnung eines noch nicht gewendeten Stromrestes entstammt, greift den Kommutator an oder fällt wenigstens wegen seiner Helligkeit unangenehm ins Auge.

Es können nun Teilkommutierungen auf den ablaufenden Bürstenrand fallen, entweder weil die zwischen den Lamellen wirksamen Hilfsspannungen ungenügend sind, um etwa vorhandene kontakthemmende Schichten in der Nähe des auflaufenden Bürstenrandes zu durchbrechen, oder aber weil infolge der Ratterbewegung der Bürsten rein mechanisch der Stromübergang auf die ablaufende Kante gezwungen wird. In dem einen wie in dem anderen Falle ergibt sich also Perlfeuer. Man könnte, um eine kurze Ausdrucksweise zu gewinnen, das eine Widerstandsfeuer und das andere Ratterfeuer nennen. Das Widerstandsfeuer tritt langsam mit der Politurentwicklung auf. In diesem Sinne wirken alle schwerleitenden Beläge auf dem Kommutator wie Fett, Oxyde und andere chemische Verbindungen des Kupfers. So kann also bei mechanisch ganz ruhig laufenden Bürsten die Stromübertragung teilweise verspätet einsetzen, so daß Perlfeuer sichtbar wird. Ein derartiges, durch Fremdschichten erzeugtes Perlfeuer ist von dem mechanisch erzeugten Perlfeuer leicht zu trennen durch die Feststellung, daß etwa Abschmirgeln das Perlfeuer beseitigt, Fetten aber das Perlfeuer verstärkt. Es sei hier die Bemerkung eingeflochten, daß der Befund des durch isolierende Fremdschichten erzeugten Perlfeuers gegen die Auffassung spricht, daß der höhere Übergangswiderstand der Bürsten für den funkenfreien Lauf günstiger sei. Man kann in diesem Sinne eher sagen, daß die Kommutierung um so besser ist, je geringer der Übergangswiderstand ist.

Das Perlfeuer, das durch isolierende Fremdschichten auf dem Kommutator hervorgerufen wird, also das Widerstandsfeuer, zeigt polare Unterschiede, insofern dieses stets an der Anode zuerst auftritt. Wie in Teil I gezeigt, steigt unter der Anode der sekundäre Spannungsabfall nach einiger Betriebszeit stärker als unter der Kathode, so daß also unter der Anode zuerst die induzierte Hilfsspannung unzulänglich wird. Ein ausgezeichnetes Beispiel für diese Erscheinung bieten Metallgraphitbürsten. Wie in Teil I auseinandergesetzt wurde, verliert die Anode langsam ihr Metall in der Lauffläche. Die Anode entwickelt sich in ihrer Lauffläche langsam zur reinen Graphitkohle, Typus C. Die Werte des Potentialdiagramms steigen oft bis auf das Dreifache an gegenüber dem auf dem frisch geschmirgelten Kommutator gemessenen. Mit dieser Veränderung an den Anoden setzt Funkenbildung ein.

Das Ratterfeuer tritt im Gegensatz zum Widerstandsfeuer sprunghaft mit der Zerstörung glatter Politurschichten auf. Gerade das plötzliche Auftreten von Funkenbildung ist nun besonders interessant und soll deshalb im nachstehenden eingehend behandelt werden.

Es ist bekannt, daß empfindliche Gleichstrommaschinen Funkenbildung am ablaufenden Bürstenrand zeigen, wenn man die Bürste so verkantet, daß die Bürste auf dem ablaufenden Rand läuft.

Dieses sog. Kippfeuer kann schon auftreten, wenn man den Druckfinger des Halters zur ablaufenden Kante hin lagert. Umgekehrt verschwindet die Funkenbildung, wenn man den Druckfinger entgegengesetzt zur auflaufenden Kante hin schiebt. Ferner sei erwähnt, daß häufig einzelne funkende Bürstenexemplare durch Vorstaffeln um 0,5 oder 1 mm funkenfrei gemacht werden. Doch ist der Erfolg selten von langer Dauer. Das Exemplar wird vorgeschoben und durch diese Umstellung nur aus der Kipplage am ablaufenden Rande in die Kipplage am auflaufenden Rand gebracht. Läuft sich die Bürste vollständig ein, so tritt nach Tagen die Erscheinung wieder von neuem auf. Auch das Verschieben der Bürstenbrille bringt mitunter nur eine scheinbare Besserung, da sich beim Verschieben die Bürsten neu lagern. Nach vollständigem Einlaufen in der neuen Lage tritt dann wieder Funkenbildung auf.

Ebensowenig dauerhaft in seiner Wirkung ist der praktische Kniff, eine funkende Bürste kräftig zu rütteln oder abzuheben und dann auf den Kommutator zurückschnellen zu lassen. Das Resultat ist gewöhnlich auch hier nur eine zeitweilige Lagenänderung. In einem Betrieb hatte man sogar einen Haken konstruiert, mit dem täglich die Bürsten einmal angehoben wurden, um Funkenbildung zu beseitigen.

Ferner tritt Kippfeuer auf, wenn man lange radialstehende Träger der Bürstenspindeln etwa mit einem kräftigen Fingerdruck gegen die Drehrichtung verbiegt. Genauere Messungen ergaben in einem Falle, daß sich solche Spindeln schon bei 1 kg tangentialem Druck um 0,01 mm rückwärts verschoben. In einem Falle wurden sogar 0,03 mm gemessen. Es ist jedoch nicht notwendig, daß solche Beträge der Verschiebung auftreten. Es gelang sogar, Kippfeuer an einer Bürstenspindel zu erzeugen, obwohl diese selbst aus einer massiven Messingstange von etwa 40 × 20 mm Querschnitt bestand, die etwa 10 mm hoch oberhalb der Kollektorfläche auf beiden Seiten von einem starren Ring festgehalten wurde. Es genügte in diesem Falle ein mittelkräftiger Druck der Hand am Ende der Bürstenhalter, um das ganze System so zu verwinden, daß die Bürsten Kippfeuer zeigten.

Eine weitere interessante Feststellung über das Kippfeuer ist folgende: Es kommt sehr häufig vor, daß auf einer mit mehreren Bürsten parallel besetzten Spindel alle anderen oder ein Teil der anderen Perlfeuer am ablaufenden Rande zeigen, sobald man nur eine Bürste der Spindel in Kipplage bringt. Bei gestaffelter Anordnung der Bürsten geben fast nur die in der Drehrichtung vorgestaffelten Bürsten die Möglichkeit von Kippfeuer, während die rückwärts gestaffelten Bürsten fast immer kippfeuerfrei sind.

Kippfeuer gibt es auch, wenn man die Bürsten auf die auflaufende Bürstenkante kippt, doch ist die Erscheinung an der auflaufenden Kante nicht so deutlich sichtbar wie an der ablaufenden Kante.

Was ist nun die Ursache des Kippfeuers? Wenn man auf einem glatten Schleifring eine einzelne Bürste, der keine zweite parallel geschaltet ist, zum Kippen bringt, so beobachtet man an dieser Bürste Kipp-feuer, das zweifellos auf Kontaktunterbrechungen zurückzuführen ist, da gerade bei hohen Drehzahlen das Kippfeuer sehr lebhaft wird. Finden sich aber parallel geschaltete Bürsten vor, die sich auch wirklich aktiv an der Stromübertragung beteiligen, dann beobachtet man nur geringes Kippfeuer, es kann dann nicht zu einer vollständigen Kontaktunter-brechung kommen. Dieselbe Erklärung gilt für das Kippfeuer auf dem Kommutator. Die nur von einer schmalen Kante getragene Bürste reagiert sehr leicht auf die Unebenheiten des Kommutators, ganz beson-ders aber auf die heutzutage meist offenen weiten Isolationsnuten, deut-lich erkennbar an dem Ton der Bürste in Höhe der Lamellenfrequenz. Je weicher, je elastischer das Bürstenmaterial ist, um so weniger spricht der Bürstenkörper mechanisch auf die Unebenheiten an, um so geringer sind auch die Kontaktunterbrechungen.

Wie bei der Schleifringbürste eine vorgeschaltete Selbstinduktion die Funkenerscheinung für beide Polaritäten der Bürste wesentlich ver-stärkt, so wird auch das Kippfeuer auf dem Kommutator stärker, wenn die Selbstinduktion des abzuschaltenden Wickelelementes groß ist. Man kann geradezu die Intensität des Kippfeuers als ein Maß für die Selbst-induktion der kommutierenden Spule ansehen.

Die überaus schnelle Kommutierung des Teilstromes des gekippten Exemplars führt nun zu einer hohen Reaktanzspannung zwischen ab-laufender Bürstenkante und ablaufendem Lamellenrand. Befinden sich noch andere, nicht gekippte Bürstenexemplare in einer solchen Lage zum ablaufenden Lamellenrand, daß die Distanz zur ablaufenden Bürstenkante äußerst gering ist oder Staubteilchen zwischen den sich trennenden Kontaktteilen eine Verbindung ermöglichen, so entlädt sich die hohe Spannung auch an diesen Exemplaren mit sichtbarer Leuchterscheinung. Damit ist die Beobachtung erklärt, daß Perlfeuer an anderen nicht gekippten Bürsten derselben Spindel entsteht, wenn eine Bürste gekippt wird. Gegen die Drehrichtung rückwärts gestaffelte Bürstenexemplare können selbst kein Kippfeuer an der ablaufenden Kante zeigen, weil die vorgestaffelten Exemplare den ablaufenden Rand der rückwärts gestaffelten Exemplare so decken, daß immer eine Ver-bindung vorhanden ist, die eine vollständige Kontakttrennung des ge-kippten Exemplars verhindert. Nur wenn die vorgestaffelten Exemplare im Bereiche des ablaufenden Randes der rückwärts gestaffelten keinen ausreichenden Kontakt machen, erscheint Kippfeuer auch an den rück-wärts gestaffelten Bürsten.

Eine Bürste, die keinen Strom führt, kann kein Kippfeuer zeigen, es sei denn, daß eine Bürste derselben Spindel bereits am ablaufenden Rande feuert und damit einen Spannungsimpuls zwischen Lamellen-kante und Bürstenkante erzeugt. Dagegen ist das Kippfeuer sehr stark, wenn infolge schlechter Stromverteilung das betreffende Bürstenexemplar überlastet ist. Das Kippfeuer kann also sehr stark von der Stromverteilung beeinflußt werden. Bei einer Kippfeuerprobe müssen daher alle Bürsten einer Spindel der Reihe nach gekippt werden.

In dem vorigen Abschnitt »Über den Einfluß der Potentialkurve auf den Ort der Stromabnahme« war ausgeführt, daß der Kontakt in der Hertzschen Fläche nicht gut genug ist, um eine gleichmäßige Stromverteilung parallel geschalteter Bürsten zu sichern. Die Berührung muß auch in der Zone stattfinden, die durch die Potentialkurve zur Stromübertragung disponiert ist. Das Kippfeuer am ablaufenden Bürstenrand kann also ausbleiben, wenn die Stromübertragung durch die Potentialkurve zum auflaufenden Bürstenrand gedrängt ist. Natürlich gilt das nur, wenn mehr als eine Bürste pro Spindel vorhanden ist. Bei einer Maschine mit zwei Bürstenspindeln und nur einer Bürste pro Spindel ist immer Kippfeuer zu beobachten, weil der Strom nun keinen anderen Weg mehr hat als die Bürstenkante. Die Kippfeuerprobe auf einer Maschine mit mehreren Bürsten pro Spindel erscheint damit als ein Indikator zur Feststellung, ob die Zone des auflaufenden oder ablaufenden Bürstenrandes Stromübertragung zuläßt oder nicht.

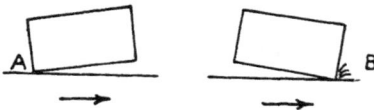

Abb. 19. Sichtbarkeit der Funken in Abhängigkeit von der Kipplage der Bürste.

Nun ist noch zu erklären, warum das Kippfeuer am ablaufenden Bürstenrand deutlicher erscheint als am auflaufenden Rande. Das ist leicht verständlich, da wie Abb. 19 zeigt, von der ablaufenden Kante B aus der Lichtbogenübergang nach außen tritt und sichtbar wird, während er von der auflaufenden Kante A aus in den flachen Keilraum unter die Bürste läuft und sich so versteckt. Besonders gilt das für die anodischen Bürsten, da die kathodische Strombasis, in einem Kommutatorpunkt festhaftend, den Lichtbogen mitreißt.

Die vorstehenden Ausführungen über das Kippfeuer sollen nun dazu dienen, das Perlfeuer als Ratterfeuer zu erklären. In Teil II wurde auseinandergesetzt, daß die Hertzsche Fläche dauernd ihre Lage auf der Bürstenfläche ändert. Sie trifft bei ihren langsamen und schnellen Wanderungen auch den auflaufenden und ablaufenden Bürstenrand. Ist nun etwa die Zone des ablaufenden Bürstenrandes durch den Verlauf der Potentialkurve für Stromübertragung disponiert, so kann die Teilkommutierung des zugehörigen Bürstenexemplars in der Nähe des ablaufenden Randes stattfinden. Naturgemäß reagieren die Bürstenkanten leichter auf die Unebenheiten, insbesondere also auf die Nutung des Kommutators, so daß die Teilkommutierung durch Unterbrechungen gestört wird. Ein Zusammentreffen des Druckmittelpunktes der Hertzschen Fläche mit der ablaufenden oder auflaufenden Bürstenkante kann also als eine mehr oder weniger stark ausgesprochene Kipplage bezeichnet werden. Dazu kommt, daß gerade der ablaufende Bürstenrand durch den einseitig wechselnden Reibungszug einen sehr unruhigen Kontakt macht. Auf der kurzen Auslaufstrecke kann der Lichtbogen leicht am ablaufenden Rande herausschlüpfen, oder aber es können glühende Partikelchen sichtbar werden.

Nun erklärt sich auch die immer wieder beobachtete Helligkeitsschwankung des Perlfeuers am ablaufenden Bürstenrand im Takte der Umdrehungen des Kommutators. Auf dem stets etwas exzentrischen Kommutator fährt die Bürste mit der auflaufenden Kante zu Berg und mit der ablaufenden Kante zu Tal, und zwar um so mehr, je starrer die Führung der Bürste ist. Bei der Bergfahrt ist der Auflagedruck um den zusätzlichen Beschleunigungsdruck vermehrt, bei der Talfahrt vermindert. Bei der Talfahrt entsteht also eine ausgesprochene Kipplage am ablaufenden Bürstenrande unter vermindertem Druck. Die Stromabnahme und Teilkommutierungen der einzelnen Bürsten rutschen also bei der Talfahrt in größerer Menge zur ablaufenden Bürstenkante und verstärken das bei der Bergfahrt auf dem meist sehr schwachen Exzenter noch vorhandene Perlfeuer. Daß das Perlfeuer immer vorhanden ist und nur in seiner Intensität schwankt, läßt sich leicht an Maschinen beweisen, bei denen man in axialer Richtung in Höhe der Kommutatorfläche den tief ausgekratzten Nuten der ablaufenden Bürstenkante entlang visieren kann. Ist Perlfeuer vorhanden, so beleuchtet dieses als synchrone Lichtquelle die gerade ablaufende Isolationsnut mit der Wirkung, daß die Isolationsnut stillstehend erscheint. Da nun die Isolationsnut dauernd ohne Unterbrechungen im Takte der Umdrehungen sichtbar bleibt, so muß also immer Perlfeuer vorhanden sein.

Eine ähnliche Kipplage am auflaufenden und ablaufenden Bürstenrand entsteht auch, wenn die Träger der Bürstenspindeln in tangentialer Richtung schwingen können. Werden die Träger entweder durch äußere Erschütterungen oder aber durch den unregelmäßigen Reibungszug in Schwingungen versetzt, so ergeben sich Lagen, wie sie Abb. 20 übertrieben zeigt.

Es wird vielfach beobachtet, daß die Bürsten einer Maschine Perlfeuer zeigen, wenn etwa eine andere Maschine in der Nachbarschaft in Betrieb gesetzt wird. Ähnliches ist zu sagen bei Maschinen, die nicht erschütterungsfrei aufgestellt werden können, wie etwa bei Bahnmotoren oder Kranmotoren usw.

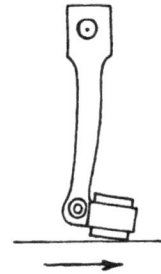

Abb. 20. Schwingungen des Bürstenträgers.

Es ist durch die Praxis in vielen Fällen erwiesen, daß eine nachträglich angebrachte Versteifung der Bürstenträger die Funkenbildung ohne Abänderung anderer Teile unterdrückt hat. Wie nun der exzentrische Kommutator und die schwingenden Bürstenträger die Kipplage der Bürsten und damit Funkenbildung herbeiführen, so kommen alle Bewegungen der Bürste überhaupt als Ursache der Kipplage und damit des Ratterfeuers in Frage. Insbesondere sind die Reibschwingungen der Bürsten, die im zweiten Teil ausführlich als Rattern der Bürsten beschrieben worden sind, hier zu erwähnen.

In einer großen Anzahl von Fällen konnte Perlfeuer durch mäßiges Fetten des Kommutators oder der Bürsten beseitigt werden, ohne daß ein hörbares Rattern aufgetreten war. Das Fetten oder Ölen von Kommutatoren zur Beseitigung oder Verminderung der Funkenbildung ist eine alte Praxis. Schon vor 1900 war ein Spezialöl auf dem Markt, das für Metallgewebe- oder Metallblätterbürsten zu diesem Zweck ausdrücklich empfohlen wurde. Für die reichlich bestätigte Beobachtungstatsache, daß Fett oder Öl oder sogar nur das Abwischen mit einem reinen Lappen Funkenbildung beseitigt oder mindert, gibt es keine andere Erklärung als die, die hier auseinandergesetzt ist. Es gilt also diese Beobachtungstatsache als eine wesentliche Stütze der entwickelten Theorie des Ratterfeuers. Es wurde in Teil II gezeigt, daß auch durch Abschmirgeln des Kommutators und gleichzeitig durch erneutes Einschleifen der Bürstenkrümmung Reibungsstörungen beseitigt werden können, wenn das Rattern nicht etwa die Folge von zu harten Kohlebürsten überhaupt ist. Die mechanische Beruhigung der Bürste durch Reinigen der Kommutatoroberfläche sowie durch Angleichen der Bürstenkrümmung an die Kommutatorkrümmung beseitigt erfahrungsgemäß ebenfalls in vielen Fällen die Funkenbildung. Versagt also dieses Mittel, so kann die eben angedeutete Ausnahme, daß es sich um zu harte Bürsten handelt, sofort erkannt werden, wenn anschließend der Kommutator gefettet wird. Hilft also weder Fetten noch Abschmirgeln, so ist mit ziemlicher Sicherheit anzunehmen, daß die Störung von anderer Art ist, als sie hier behandelt wird.

Es sei auch hier wieder auf den Bügel im Straßenbahnbetrieb hingewiesen. Der zischende, d. h. durch Reibschwingungen beunruhigte Bügel funkt. Wird der Bügel gefettet, so hört die Funkenbildung auf.

Das Ratterfeuer hat dieselbe polare Verschiedenheit wie das Widerstandsfeuer. Die Anode rattert zuerst, weil sie die Rattersubstanz in ihre Laufbahn streut. Sie funkt deshalb auch zuerst. Tatsächlich beobachtet man auch bei empfindlichen Maschinen, daß die Minusbürsten von Generatoren oder Plusbürsten von Motoren, also die Anoden, zuerst Perlfeuer bei Auftreten von Schwierigkeiten zeigen. Die klassische Theorie (Arnold und Pfiffner, »Die Übergangsspannung von Kohlebürsten in Abhängigkeit von der Temperatur«, Arbeiten aus dem Elektrotechnischen Institut der Technischen Hochschule Karlsruhe, Berlin 1909) hat hierfür die Erklärung gebracht, daß mit zunehmender Erwärmung der Übergangswiderstand der Anoden sehr stark sinkt, und zwar unter den Wert des Übergangswiderstandes der Kathoden. Dieser Begründung liegt der allgemein von der Arnoldschen Schule verfochtene Gedanke zugrunde, daß der Übergangswiderstand der Bürsten den Verlauf der Kommutierung bestimme und damit von Einfluß auf die Funkenbildung sei. Von Schliephake später (Schliephake, »Untersuchungen an Kohlebürsten«, Dissertation an der Technischen Hochschule Gießen, 1917) neu aufgenommene Versuche ergeben, daß der Übergangswiderstand mit der Temperatur steigen kann. Wir wissen aus Teil I, daß der Übergangswiderstand eine wenig eindeutige Konstante des Bürstenmaterials ist, sodaß also ein so allgemein bestätigtes Ergebnis von der Polarität des Perlfeuers nicht auf die Temperaturabhängigkeit des Übergangswiderstandes gegründet werden kann. Dagegen ist es leicht, aus den ganzen bisherigen Darlegungen zu entnehmen, daß die Anode leichter Perlfeuer zeigt, da sie ja entweder durch den zusätzlichen sekundären Spannungsabfall zu Widerstandsfeuer oder aber infolge des anodischen Stromratterns zu Ratterfeuer führt. Dazu kommt, daß die in einem Kommutatorpunkt festhaftende kathodische Strombasis den Lichtbogen unter der anodischen Bürste herausreißt und außerhalb der Berandung der Bürste präsentiert, während unter der Kathode der Lichtbogen an der Bürste hängen bleibt und sich verbirgt. Auf diesen polaren Unterschied der äußeren Sichtbarkeit der Funkenbildung macht Mauduit (Mauduit, »Recherches Expérimentales et Théoriques sur la Commutation dans les Dynamos à Courant Continu«, Paris 1912, S. 227) aufmerksam und betont dabei, daß die Kommutation unter der Anode nur scheinbar schlechter sei als unter der Kathode, daß im Gegenteil gerade unter der Kathode der anodisch polarisierte Kommutator im Funken stärker angegriffen oder oxydiert wird. Die hier vorgetragene Theorie von der Polarität des Perlfeuers gilt in gleicher Weise für Widerstandsfeuer wie für Ratterfeuer.

Man findet sehr häufig die Meinung, daß überhaupt die Funkenbildung von der Temperatur des Kommutators abhängt, und zwar auf Grund des Befundes, daß etwa nach einer gewissen Zeit funkenfreier Vollast Funkenbildung einsetzt, wenn der Kommutator eine gewisse Temperatur erreicht hat. Es ist nun aber anderseits bekannt, daß bei Bürsten vom Typus C die Reibung nach einer gewissen Zeit der Strombelastung zunimmt und unregelmäßig wird. Damit ist also eine später einsetzende Funkenbildung erklärt. Die Temperatur ist ein zufälliger und unmaßgeblicher Begleitumstand. Diese Erklärung wird gestützt durch die weitere Beobachtung, daß Maschinen, die funkenfrei mittlere Belastungsstufen bei der Aufwärtsbelastung vertragen haben, nach dem Funken bei Vollast nicht mehr funkenfrei Teillast übernehmen. Durch das Funken bei Vollast wurde Kohlesubstanz auf den Kommutator übertragen, die nun einerseits die kontakthemmenden Fremdschichten begünstigt, anderseits als Rattersubstanz wirksam werden kann.

In diesem Zusammenhang verdient eine andere Beobachtung Erwähnung, nämlich daß das Perlfeuer sich manchmal verstärkt, wenn der Auflagedruck erhöht wird. Die Erklärung liegt nun nahe, daß mit Ver stärkung des Druckes auch der Reibungszug mit seinen Unregelmäßigkeiten stärker wird. Doch könnte man zur Erklärung auch anführen, daß die Druckfinger durch Steigerung des Druckes ihren Angriffspunkt auf der Deckfläche in Richtung zur ablaufenden Kante verschieben oder aber eine stärkere Druckkomponente am Bürstenkopf liefern, die etwa die Kipplage auf dem ablaufenden Bürstenrand begünstigt.

Mit diesen Ausführungen ist das Ratterfeuer als Kippfeuer erklärt worden. In dem späteren Abschnitt »Interessante Beispiele« werden einige Fälle der Praxis wiedergegeben, an denen die vorgetragene Theorie besonders deutlich wird.

Es wurde vorzugsweise das Perlfeuer am ablaufenden Bürstenrand behandelt. Das Perlfeuer am auflaufenden Bürstenrand ist weniger deutlich, und zwar weil genau wie beim Kippfeuer die Sichtbarkeit am auflaufenden Rand eingeschränkt ist. Es kommt weiter hinzu, daß der auflaufende Bürstenrand gerade bei der Kipplage in der Bergfahrt durch den Beschleunigungsdruck stärker angepreßt wird. Man beobachtet aus diesem Grunde nur einen schwachen Helligkeitswechsel im Takte der Umdrehungen.

Mit diesen Ausführungen ist das der ganzen Arbeit zugrunde gelegte Ziel erreicht. Werden durch den in Teil I geschilderten Substanzwechsel die Gleitflächen schwer leitend, dann tritt langsam Widerstandsfeuer auf. Wird dagegen durch den Substanzwechsel die Glätte der Gleitflächen zerstört, dann tritt Ratterfeuer auf.

4. Wendepol und Funkenbildung.

Es geht bereits aus den Arbeiten von Arnold (Arnold, »Experimentelle Untersuchung der Kommutation bei Gleichstrommaschinen«, Arbeiten aus dem Elektrotechnischen Institut Karlsruhe, 1908 bis 1909) hervor, daß die eigentliche Stromwendung innerhalb der durch die Bürstenüberdeckung gebotenen Kurzschlußzeit erstens zeitlich erheblich verkürzt verläuft und zweitens je nach Überkompensation oder Unterkompensation auf den auflaufenden oder ablaufenden Bürstenrand fällt. Also die vom äußeren Feld des Kompensationspoles oder Wendepoles in dem kurzgeschlossenen Wickelelement induzierte EMK beeinflußt den eigentlichen Stromwendungsvorgang im wesentlichen nur, insofern die Lage der Stromwendung und Stromabnahme unterhalb der Bürste bestimmt wird. Arnold ist ferner überrascht, daß bei sehr starker Überkommutation beispielsweise die theoretisch erwartete Überkommutationsspitze A (Abb. 21) in der Kurzschlußstromkurve vielfach ausbleibt.

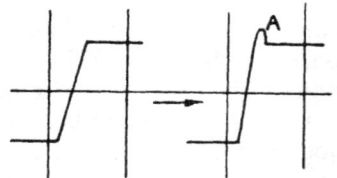

Gemessene Kurve   Erwartete Kurve

Abb. 21. Praktische und theoretische Kurzschlußstromkurve bei Überkommutierung.

In einem Falle tritt diese Spitze erst auf, nachdem die Belastung der wendepollosen Maschine bei gleicher Bürstenstellung von 19 Amp. auf 30 Amp. gesteigert wird. Man sollte die Überkommutationsspitze bei 19 Amp. und nicht bei 30 Amp. erwarten. Diese gegen alle Erwartungen ausgefallenen Beobachtungen können wohl nur in folgender Weise gedeutet werden. Die Kurzschlußstromkurve wird gelegentlich von kurzzeitigen Stromimpulsen gestört, die durch die in dem kurzgeschlossenen Wickelelement induzierten Spannungsimpulse hervorgerufen werden. Derartige wirksame Spannungsimpulse entstammen dem etwa in Nutenfrequenz oder Kommutierungsfrequenz pulsierenden Hauptfeld. Also die eben genannte Maschine erzeugt erst bei höherer Belastung die störenden Stromimpulse, die sich zufällig als Überkommutierungsspitzen auf die Kurzschlußstromkurve setzen. Die Störimpulse treten auch an anderen Stellen der Kurzschlußstromkurve auf, wie das in vielen Oszillogrammen von Arnold zu sehen ist.

Es ist also festzustellen, daß die Kurzschlußstromkurve selbst nur geringfügig von den vom äußeren Feld in dem kurzgeschlossenen Wickelelement induzierten Spannungen beeinflußt wird. Ein solcher Einfluß ist auch in dem Zusammenhang dieser Arbeit ohne Bedeutung, da nicht der Verlauf, sondern die Lage der Stromabnahme und Stromwendung unter der Bürste für die Funkenbildung entscheidend ist. Demgemäß sind die in dem kurzgeschlossenen Wickelelement induzierten Spannungen nur insofern wichtig für den funkenfreien Lauf, als sie die Lage der Stromabnahme und Stromwendung unter der Bürstenfläche bestimmen. Der Kompensationspol oder Wendepol müßte also in diesem Sinne Schiebepol genannt werden, da man mit seiner Hilfe die Stromabnahme und Stromwendung beliebig zum auflaufenden oder ablaufenden Rand verschieben kann.

Diese Deutung des Wendepols stimmt nicht mit der sog. klassischen überein, nach der der Wendepol dazu da ist, in den kurzgeschlossenen Wickelelementen eine EMK zu induzieren, die der Reaktanzspannung der Stromwendung dem Betrage und der Richtung nach entgegenwirkt. Man tut zwar praktisch dasselbe, ob man die eine oder andere Auffassung vom Wendepol hat, aber in bezug auf Erklärung verschiedener Erscheinungen leistet die eine Auffassung nichts, die andere aber alles.

Der Wendepol ist also dazu da, mittels der in den kurzgeschlossenen Spulen induzierten Spannungen Stromabnahme und Stromwendung soweit wie möglich in die Nähe des auflaufenden Bürstenrandes zu schieben, um zu vermeiden, daß größere Stromwerte in der Nähe der mechanisch ungünstiger arbeitenden ablaufenden Kante übertragen und gewendet werden.

Die klassische Deutung des Wendepols ist nicht imstande, die in einer überwältigenden Anzahl von Fällen gemachte Beobachtung zu erklären, daß man bei Bürsten vom Typus C ein stärkeres Wendefeld als bei den Bürsten vom Typus *A* oder *B* anwenden, also überkompensieren muß, um funkenfreie Kommutierung zu erhalten. Dagegen ist es nach dem Bisherigen klar, daß das Verhalten der *C* gegen kontakthemmende Fremdschichten hohe Hilfsspannungen am auflaufenden Bürstenrand erfordert, damit Stromübertragung und Stromwendung nicht gelegentlich zum ablaufenden Rand durchschlüpfen. Es gehört bereits zu den Prüffeldregeln, das Wendefeld bei Bürsten höheren Übergangswiderstandes stärker einzustellen als bei den Bürsten niedrigen Übergangswiderstandes.

Dieselbe Überlegung muß angewandt werden, um die Beobachtung zu erklären, daß man bei Einlauf von frisch geschmirgelten Kommutatoren und Bürsten das Wendefeld etwa durch Regulieren der Shunts von Tag zu Tag verstärken muß, um die durch die sich entwickelnde Kommutatorpolitur und durch die Ausschleuderung der Bürstenkrümmung mehr und mehr gehemmte Stromübertragung und Kommutierung am auflaufenden Rand festzuhalten. Diese langsame Verstärkung des Wendefeldes hört natürlich auf, wenn ein gewisser Dauerzustand erreicht ist. Es ist bemerkenswert, daß man mit Bürsten *C* in einem praktischen Falle in $\frac{1}{4}$ der Zeit den Dauerzustand erreichte, gegenüber der Marke *A*, die nur langsam den Oxydfilm auf dem Kommutator entwickelte.

Diese Beispiele zeigen zur Genüge die Bedeutung der Kompensation des Ankerfeldes in der Bürstenzone. Es muß eben bei allen Belastungsverhältnissen die Potentialkurve in einer solchen Lage erhalten werden, daß sie die Stromabnahme und Stromwendung in der Nähe des auflaufenden Bürstenrandes erzwingt. Nun ist aber andererseits eine übertrieben steile Lage der Potentialkurve nachteilig, insofern die von der Bürste überdeckte Potentialdifferenz zu groß wird. Mit dieser wächst der quer durch die Bürste fließende Hilfsstrom. Wird dieser nun an der ablaufenden Kante unterbrochen, so ergibt sich Funkenbildung, und zwar Perlfeuer, das um so stärker ist, je größer der Querstrom und die Selbstinduktion des Wickelelementes ist. Beispiele für derartige Funkenbildung sind Maschinen, die voll erregt, aber ohne Strombelastung bereits Perlfeuer an den Bürstenkanten zeigen. Ferner beobachtet man solche Funken, wenn man eine Bürste mitten zwischen den Bürstenbolzen auf den Kommutator drückt, also da, wo hohe Spannungen zwischen den Lamellen wirksam sind. Praktisch kommt dieser Fall bei Lichtdynamos für Automobile vor, bei denen zwischen den Hauptbürsten die sog. Feldbürste den Erregerstrom abnimmt. Ähnlich ungünstige Stellungen nehmen die Querfeldbürsten bei den Querfelddynamos für Lichtbogenschweißung ein. Derartige Feldbürsten und Querfeldbürsten funken fast immer und verschleißen oft ganz erheblich schneller als die Hauptbürsten. Es ist aus dem Vorstehenden klar, daß Metallgraphitbürsten mit niedrigem Übergangswiderstand als Feldbürsten und Querfeldbürsten unbrauchbar sind, während als Hauptbürsten Metallgraphitbürsten ohne weiteres auf der Maschine verwandt werden.

Das Wendefeld, das etwa auf Marke C eingestellt ist, muß geschwächt werden, wenn Marke A zur Verwendung kommt. Das Wendefeld, das auf Marke A eingestellt ist, muß geschwächt werden, wenn etwa eine Metallgraphitbürste zur Verwendung kommt. Wird das Wendefeld nicht geschwächt, wenn Bürstenmarken mit niedrigerem Übergangswiderstand aufgesetzt werden, dann stellt sich Funkenbildung durch Querstrom ein.

Wir haben es also hier mit einer Funkenbildung zu tun, die durch Unterbrechung des Querstromes im Gegensatz zu der bisher erörterten, die durch Unterbrechung des Nutzstromes verursacht wird. Wir werden gut tun, die beiden verschiedenen Vorgänge auch verschieden zu bezeichnen, und nennen die Funkenbildung als Folge der Stromabnahme und Kommutierung des Nutzstroms auf den Bürstenrändern »Bürstenfeuer erster Art« und die Funkenbildung als Folge der Querströme durch hohe Potentialunterschiede »Bürstenfeuer zweiter Art«. Es stellen sich nun hohe Potentialunterschiede sowohl bei Überkompensation als auch bei Unterkompensation ein. Man hat also bei starker Überkompensation nur »Bürstenfeuer zweiter Art« und bei starker Unterkompensation bei strombelasteter Maschine »Bürstenfeuer erster und zweiter Art«. Indem man nun also zur Vermeidung des Bürstenfeuers erster Art an Maschinen mit hoher Selbstinduktion des Wickelelementes die Maschine überkompensiert, läuft man Gefahr, durch Überkompensation ein Bürstenfeuer zweiter Art zu verursachen.

Die Überkompensation des Ankerfeldes ist also nur ein beschränktes Mittel zur Beseitigung der Funkenbildung. Die Spannungen, die in den unter den Bürsten befindlichen Windungen vom Wendepol induziert werden, unterliegen derselben Einschränkung wie der Maximalwert der Transformatorspannung bei den Wechselstrom-Kommutatormaschinen. Man kann allerdings die Erfahrungswerte, etwa des Einphasenbahnmotors, nicht für die Gleichstrommaschine zugrunde legen, da gewöhnlich im Bahnbetrieb geringere Ansprüche an Funkenfreiheit gestellt werden. Der allgemein für größere Wechselstrommaschinen als Grenze angesehene Effektivwert der Transformatorspannung von 3,0 bis 3,5 Volt (Heinrich, »Das Bürstenproblem im Elektromaschinenbau« 1930), das heißt also mit Bezug auf die Funkenbildung eigentlich der Scheitelwert, dürfte wohl kaum bei der Gleichstrommaschine als Grenzwert der zwischen den Kanten der Bürste induzierten Spannung genommen werden können. Vielleicht läßt sich hier überhaupt eine Norm nur schwer finden, da die Funkenbildung als Folge der Unterbrechung von Querströmen von der Selbstinduktion der kurzgeschlossenen Windungen und vom Übergangswiderstand der Bürsten abhängt. Es ist bekannt, daß man mit Metallgewebebürsten oder Metallgraphitbürsten nur ganz geringe Potentialunterschiede funkenfrei auf einem Kommutator überbrücken kann, während man mit Bürstenmarke *C* unbedenklich einige Volt Potentialdifferenz berühren kann.

Es mag hier die bemerkenswerte Beobachtung aus der Prüffeldpraxis angeführt werden, daß die Transformatorspannung bei Kommutatormotoren des Einphasen-Wechselstroms unangenehmer durch Funkenbildung in Erscheinung trat, wenn die Bürstenfläche, auf eine Fahrtrichtung eingeschliffen, den Kommutator voll berührte, als wenn sie im Reversierbetrieb mit der halben Lauffläche arbeitete.

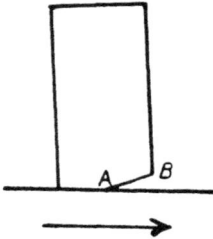

Es hängt dann die inaktive Bürstenhälfte *A B* (s. Abb. 22) wie ein schirmendes Dach über der eigentlichen ablaufenden Kante *A* und verbirgt dem Auge die funkenden Stromübergänge in dem Keilraum *A B*.

Abb. 22. Unsichtbarkeit des Bürstenfeuers unter den Bürsten von reversierenden Bahnmotoren.

Der Querstrom, der an der auflaufenden Kante nützlich ist, um dem Nutzstrom den Weg zu bahnen, ist an der ablaufenden Kante schädlich wegen der gewaltsamen Unterbrechung beim Ablauf der Segmentkante. Es sollte also das induzierte Feld so beschaffen sein, daß die in den Kurzschluß tretende Windung einen hohen Spannungsimpuls empfängt und daß die den Kurzschluß verlassende Windung, außerhalb irgendeines Feldes sich befindend, nicht mehr induziert wird. Mit anderen Worten, die Potentialkurve soll am auflaufenden Rande steil und am ablaufenden Rande horizontal verlaufen. Diese Forderung braucht nicht in aller Strenge erfüllt zu sein, da die mechanische Asymmetrie der auflaufenden und ablaufenden Kante bis zu einem gewissen Grade dafür sorgt, daß die Überbrückungen am auflaufenden Rande vollkommener sind als am ablaufenden Rande.

Das Bürstenfeuer erster und zweiter Art läßt sich äußerlich nicht unterscheiden. Da man aber wissen muß, mit welchem Feuer man es zu tun hat, wenn Verbesserungen geschaffen werden sollen, so ist es nützlich, auf einige Unterschiede aufmerksam zu machen.

Starkes Bürstenfeuer am ablaufenden Rande kann man ohne weiteres als Bürstenfeuer erster Art verstärkt durch solches zweiter Art ansprechen. Das Feuer an der Anode ist grünlich vom kathodisch zerstäubten Kupfer und ist außerdem besser sichtbar, weil die auf dem Kommutator festhaftende kathodische Strombasis das Feuer nach außen zieht. Das Feuer an der Kathode leuchtet rötlich durch die glühenden Partikelchen am ablaufenden Bürstenrand und ist außerdem kürzer. Es liegt also Unterkompensation vor.

Erst bei leichtem Perlfeuer kann man im Zweifel sein, ob es sich um Bürstenfeuer erster oder zweiter Art handelt. Ob es sich um Bürstenfeuer erster oder zweiter Art handelt, läßt sich durch eine geeignete Vorrichtung erkennen. Man isoliert den Halter der am meisten funkenden

Bürste gegen die Bürstenspindel oder beklebt die Seitenflächen der Bürsten mit Papier, sodaß der Strom unter allen Umständen nur die flexible Kabelverbindung zur Spindel passiert. Die auf den ablaufenden Rand gekippte Bürste gibt nun Kippfeuer, das entweder erster oder zweiter Art sein kann. Legt man nun ein Millivoltmeter an zwei weiter auseinanderliegenden Punkten des flexiblen Kabels an, so stellt man entweder einen Stromfluß in Richtung des Nutzstroms fest, oder aber in entgegengesetzter Richtung. Im ersten Falle handelt es sich um Bürstenfeuer erster Art, im zweiten Falle um Bürstenfeuer zweiter Art. Der Querstrom fließt nämlich bei Überkompensation an der ablaufenden Bürstenkante dem Nutzstrom entgegen. Solche Umkehrungen der Stromrichtungen in einer Bürste sind sehr häufig an Niederspannungsmaschinen für Galvanoplastik beobachtet worden, da auf diesen Maschinen ein im Verhältnis zum Polbogen großer Bogen von den Bürsten überdeckt wird. Statt eine Bürste zu kippen, könnte man vielleicht eine Bürste anwenden, die an der ablaufenden Kante isoliert eine ganz dünne Bürste aus dem gleichen Material trägt, aber mit einem getrennten Ableitungskabel ausgerüstet. Die Richtung des Spannungsabfalles an diesem Kabel gibt dann eine Entscheidung über die Frage Bürstenfeuer erster oder zweiter Art.

Die Spannung zwischen nur zwei Lamellen ist in der Wendezone so gering, daß sie nicht ausreicht, um Feuer zweiter Art zu erzielen, wenn man mit einem isoliert gefaßten Kohlestückchen den Kommutator berührt und in der Nähe der Bürsten bleibt. Verfährt man dabei aber so, daß man mit dem isoliert gefaßten Kohleplättchen, das etwa am Ende eines Hartgummistabes befestigt ist (s. Abb. 23), Punkt A des Halters und Punkt B des Kommutators berührt, so sieht man bei Vorhandensein von hohen Potentialdifferenzen mehr oder minder starkes Perlfeuer im Punkte B entsprechend dem Unterschied des

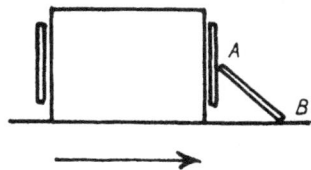

Abb. 23. Überbrückung höherer Potentialdifferenzen.

Potentials. Es bedarf also gewöhnlich der Überdeckung eines größeren Bogens, also der Überdeckung mehrerer Wickelelemente zugleich, um Bürstenfeuer zweiter Art zu erhalten.

Unter das Bürstenfeuer zweiter Art fallen natürlich alle anderen Fälle, wo in den im Kurzschluß befindlichen Windungen durch Wechselflüsse, wie etwa Pulsationen des Hauptfeldes und des Wendeflusses als Folge der Nutung des Ankers, Pulsationen des Ankerfeldes als Folge der endlichen Teilung von Kommutator und Wicklung usw. Spannungen induziert werden. Diese Vorgänge zu differenzieren, ist nicht die Aufgabe der vorliegenden Abhandlung.

Um Bürstenfeuer zweiter Art handelt es sich meist auch, wenn auf dem frisch geschliffenen Kommutator die frisch geschliffenen Bürsten

Funken zeigen, die nach völligem Einlauf und nach Auftreten von dunklerer Kommutatorpolitur verschwinden. Der Übergangswiderstand an den ablaufenden Bürstenkanten wächst durch Ausschleudern der Bürstenkrümmung und durch Auftreten von kontakthemmenden Fremdschichten auf dem Kommutator derart an, daß sich keine nennenswerten Querströme mehr bilden können.

Ferner liegt wohl Bürstenfeuer zweiter Art vor, wenn die Kathoden zuerst sichtbare Funkenbildung zeigen. Da der Querstrom dem Nutzstrom an der ablaufenden Kante entgegengesetzt fließt, so ist die ablaufende Kante der Kathode momentan anodisch gegen den kathodischen Kommutator polarisiert. Die auf dem Kommutator festhaftende kathodische Lichtbogenbasis zieht die leuchtende Gasstrecke aus der Berandung der Bürste heraus. Dagegen zeigt sich das Feuern erster Art an den Anoden zuerst.

Die Unterscheidung von Bürstenfeuer erster und zweiter Art macht die moderne Praxis an großen Gleichstrommaschinen verständlich, leicht zugängliche Reguliershunts in der Wendepolwicklung, entsprechend der durch atmosphärische Bedingungen sich ändernden Kommutatorpolitur, zu betätigen. Wird die kontakthemmende Politurschicht dicker oder tritt ein Staubbelag auf, der die Reibung stört, dann stellt sich Bürstenfeuer erster Art ein, das durch Verstärkung des Wendefeldes behoben werden kann. Wird die Politurschicht wieder dünner oder schwindet der Staubbelag, dann stellt sich nach der voraufgegangenen Verstärkung der Wendepole Bürstenfeuer zweiter Art ein. Man muß also wieder zurückregulieren, was man zuvor hinaufreguliert hat.

Als Bürstenfeuer zweiter Art muß man auch das ruhige, bleiche Fünkchen ansehen, das oft an der auflaufenden Bürstenkante bei überkompensierten Maschinen und ruhigem Bürstenlauf beobachtet wird und an der am weitesten vorspringenden Stelle sichtbar ist. Die jeweils auflaufende Lamellenkante trifft mit hoher Spannung ein kleines vorspringendes Teilchen des auflaufenden Bürstenrandes und erhitzt dieses durch den Stromdurchtritt. Das Auge nimmt natürlich nicht die hohe Lamellenfrequenz dieses Vorganges wahr. Es ist beachtlich, daß zuweilen die ruhig brennenden Fünkchen an der auflaufenden Kante und das im Takte der Umdrehungen wechselnde Perlfeuer an der ablaufenden Kante zu gleicher Zeit auftreten. Damit ist ein sehr sinnfälliger Hinweis für die mechanische Asymmetrie der beiden Bürstenkanten gegeben.

Man erkennt aus dem Vorstehenden, daß der Übergangswiderstand der Bürsten mit Rücksicht auf funkenfreie Stromübertragung einen optimalen Wert haben muß. Ist der Bürstenübergangswiderstand niedrig, handelt es sich also um Marke A, so muß das unter den Bürsten liegende Stück der Potentialkurve flach verlaufen, da sonst Bürstenfeuer zweiter Art auftritt. Die Potentialkurve kann unterhalb einer solchen Bürste flach verlaufen, weil kontakthemmende Fremdschichten auf der Kommutatorfläche sich nicht merklich entwickeln können. Bürsten niedrigen Übergangswiderstandes sind ja solche, die kontakthemmende Fremdschichten durchkratzen. Stromabnahme und Kommutierung verteilen sich unter dieser Bürste in tangentialer Richtung, da kein besonderer Zwang durch die Potentialkurve vorliegt, die Stromübertragung in der Nähe des auflaufenden Randes zu konzentrieren. Mit dieser Eigenschaft wäre eigentlich die Marke A die ideale Marke für die Kommutatormaschine. Nun wissen wir aber, daß gerade die Marke A leicht zum Rattern neigt, weil sie viele harte Bestandteile enthält. Rattert die Bürste, d. h. rattern einzelne Exemplare auf einer Bürstenspindel, so müßte doch wieder die Potentialkurve steiler gestellt, also das Wendefeld verstärkt werden, damit durch diesen äußeren Zwang ein möglichst großer Anteil des Stromes in der Nähe der auflaufenden Bürstenkante übertragen wird. Eine Bürste hohen Übergangswiderstandes dagegen, und zwar Marke C, muß mit einer steilen Potentialkurve, d. h. mit einem starken Wendefeld arbeiten, damit die Stromübertragung sich in der Nähe des auflaufenden Bürstenrandes vollzieht, da sonst infolge der schweren Durchdringlichkeit der kontakthemmenden Schichten zu leicht Bürstenfeuer erster Art auftreten kann. Eine Bürste hohen Übergangswiderstandes kann mit einer steilen Potentialkurve arbeiten, ohne daß Bürstenfeuer zweiter Art auftritt. Danach müßte also nun die Marke C eine ideale Bürste für die Kommutatormaschine sein. Nun wissen wir aber, daß die Marke C zu selektiver Stromverteilung neigt. Die Selektivität multipliziert kleine Unregelmäßigkeiten bis zur Unerträglichkeit. Ferner kann die Marke C ebenfalls leicht rattern dadurch, daß sie die Kommutatoroberfläche verunreinigt oder sich gegen Verunreinigungen der Kommutatorfläche neutral verhält.

Man sieht also, daß die beiden Extreme keine gute Lösung darstellen. Es ist eine zwischen A und C liegende mittlere Qualität als ideal anzusprechen, die mit ihrem mittelharten Korn nicht zum Rattern neigt und die anderseits durch ihren mäßigen Spannungsabfall eine zur Stabilität der Maschine notwendige Neigung der Potentialkurve zuläßt. Man kann sich natürlich Maschinenverhältnisse denken, über die auch die ideale Bürstenmarke nicht Herr werden kann. So kann die Selbstinduktion der kurzgeschlossenen Windung so groß sein, daß einfach wegen der magnetischen Trägheit die Zeit des Durchlaufs durch die geometrische Bürstenüberdeckung nicht ausreicht, um die Stromwendung bis auf einen Betrag zu bringen, der gerade noch mit einer unmerklichen Funkenbildung am ablaufenden Bürstenrand abgeschaltet werden kann. Dann nützt natürlich auch die durch das Wendefeld erzeugte Rotationsspannung nichts, da diese, wie wir gesehen haben, der Selbstinduktionsspannung nur einen geringfügigen Betrag entgegenstellen kann.

Normalerweise ist aber die Selbstinduktion der Wickelelemente bei modernen Maschinen so bemessen, daß die Stromwendung sich vollständig innerhalb der geometrischen Bürstenüberdeckung vollziehen kann, wenn nur die Stromwendung weit genug vom ablaufenden Bürstenrand beginnt. Diese Überlegung führt weiter dazu, daß man der tangentialen geometrischen Bürstenüberdeckung keine besondere Bedeutung für den eigentlichen Kommutierungsvorgang zusprechen kann. Die allgemein praktisch angewandte Regel, die Überdeckung so groß wie möglich zu machen, um einen mechanisch ruhigen Lauf der Bürste zu erzielen, wird nun durch die weitere Überlegung gestützt, den Kontaktpunkten eine in tangentialer Richtung möglichst große Fläche zu bieten, um die Häufigkeit der Kontaktpunktlage an den Rändern zu mindern. Wenn auch anzunehmen ist, daß bei gleicher Steifigkeit der Bürstenhalter und der Tragarme der Bürstenspindeln und bei gleicher Maßtoleranz zwischen Bürsten und Halterkästen, also kurz gesagt, bei gleicher tangentialer Schwingungsamplitude die Krümmung der Bürstenfläche und damit die Größe der Hertzschen Fläche dieselbe bleibt, solange der Auflagedruck nicht wesentlich geändert wird, so wissen wir doch nun, daß der elektrische Kontakt in dem Keilraum bis zu Abständen von der Größenordnung eines Hundertstel Millimeter erhalten bleibt, wenn genügend hohe Spannungen die Zündung eines Bogenüberganges ermöglichen. Die tangentiale Bürstenüberdeckung ist nach oben eingeschränkt durch das Bürstenfeuer zweiter Art. So konnte in manchen Fällen Bürstenfeuer beseitigt werden, indem ohne irgendwelche andere Änderung an der Maschine die tangentiale Dicke der Bürste gekürzt wurde. Die Kürzung mußte dann um einen Betrag vorgenommen werden, um den die Bürste, etwa mit der ablaufenden Kante, eine weitere Lamelle berührte, wenn man sie mit der auflaufenden Bürstenkante eben in Berührung mit einer auflaufenden Lamellenkante brachte.

Um die tangentiale Berührung einer Kohlebürste möglichst vollkommen auf der ganzen Bürstenfläche zu erreichen, sind vielfach die Bürsten mit einem oder mehreren tiefen axialen Schlitzen versehen worden, so daß ein stimmgabelartiger formelastischer Körper entsteht, der statt von einer großen, von zwei oder mehreren kleinen Hertzschen Flächen getragen wird. Tatsächlich hat das Schlitzen von Bürsten ohne irgendeine andere Änderung an der Maschine häufig Besserungen in bezug auf Funkenbildung gebracht.

Die Kontaktpunkte sind eben entlastet worden, so daß nur geringe nicht kommutierte Stromreste bis zum ablaufenden Bürstenrand gelangen können. Wesentlich ist nun, daß nun auch tatsächlich durch das Schlitzen die Kontaktpunkte vermehrt werden. Bei sehr selektiv arbeitenden Bürsten der Marke C ist es noch nicht sicher, ob etwa bei der Halbierung der Bürstenfläche auch auf beiden Hälften genügend harte Punkte im Laufflächenrelief vorhanden sind. Es kann also bei hochselektiven Bürsten der erwartete Erfolg ausbleiben. Wie in Teil II gezeigt, ist anderseits der tief geschlitzte Bürstenkörper ein schwingungsfähiges Gebilde, das sehr leicht auf die tangentiale Reibungszerrung anspricht. So konnte in der Praxis eine wesentliche Verschlechterung in bezug auf Funkenbildung festgestellt werden, wenn Bürsten von der Qualität *A* tief geschlitzt wurden.

Ein radikaleres Hilfsmittel der gleichen Art wie die geschlitzten Bürsten sind die seit Jahrzehnten bekannten, heute aber wieder aufs neue hier und da angewandten Tandembürsten. Es werden tangential hintereinander zwei oder sogar drei Bürsten in einem Halteraggregat angeordnet, derart, daß Trennwände die gegenseitige Berührung, also die gegenseitige mechanische Störung der einzelnen Teilbürsten, verhindern und daß die einzelnen Bürsten von mechanisch voneinander unabhängigen Druckfingern auf den Kommutator gedrückt werden. Auch diese Methode hat in schwierigen Fällen die Funkenbildung vermindern können, wenn also geteilte Bürsten an Stelle der großen ungeteilten Bürsten verwandt wurden. Es mag aber hier eine Beobachtung Arnolds an dreifach geteilten Bürsten wiedergegeben werden. Arnold (Arbeiten aus dem Elektrotechnischen Institut der Technischen Hochschule Karlsruhe 1908 bis 1909) berichtet, daß selbst bei einer tangential dreifach geteilten Bürste der Verlauf des Kurzschlußstromes den bereits beobachteten Charakter zeigte, daß die Kommutation sich bereits vollständig unterhalb der auflaufenden und der nächstfolgenden Bürste vollzogen hatte mit dem Erfolg, daß das ablaufende Bürstenexemplar stromlos blieb. Die Erklärung dafür wurde bereits in Abschnitt 2 dieses Teils gegeben, daß nämlich der Ort der Stromübertragung unabhängig von der Lage der Hertzschen Fläche von der Potentialkurve bestimmt wird. Bei einer anderen Gelegenheit berichtete Arnold, daß man mit einer dreifach geteilten Bürste durch Verschieben auf dem Kommutator Stellungen erreichen konnte, bei denen die auflaufende Bürste glühte, die mittlere funkenfrei blieb, während die ablaufende Bürste funkte. Offenbar lag hier eine Überkompensation vor, die die Stromübertragung auf den schlecht berührenden ablaufenden Rand der auflaufenden Bürste trieb und durch zu steile Stellung der Potentialkurve an der ablaufenden Kante der ablaufenden Bürste Bürstenfeuer zweiter Art erzeugte. Die ungleiche Stromverteilung unter den einzelnen Teilbürsten der Tandembürsten ist eine Folge der Neigung der Potentialkurve. Man kann sich nun denken, daß die weit elastischere Tandembürste mit einer schwächeren Neigung der Potentialkurve, also mit einem schwächeren Wendefeld, arbeiten kann. Tatsächlich ist diese Feststellung gemacht worden. Aber es ist doch unmöglich, mit einer horizontalen Potentialkurve, d. h. also ohne Wendefeld, zu arbeiten, da man eben bestrebt sein muß, die Stromabnahme und Kommutierung möglichst weit von der letzten ablaufenden Bürstenkante fernzuhalten. Man wird also nicht umhinkönnen, das auflaufende Bürstenexemplar weit stärker zu belasten als das ablaufende Bürstenexemplar. Das ablaufende Bürstenexemplar stellt gewissermaßen einen Wächter dar, der nicht übertragene kleine Stromreste mit seiner auflaufenden Kante übernimmt, um nichts zur ablaufenden Bürstenkante des ganzen Aggregats durchzulassen. Man sollte also die auflaufende Bürste als Hauptbürste tangential dicker wählen als die ablaufende Bürste, um durch die größere Dimensionierung des Bürstenkörpers und der Armatur der ungleichen Stromverteilung zu genügen. Schließlich genügt überhaupt nur eine schmale vorgestaffelte Bürste pro Spindel als Wächterbürste, da die bei richtiger Einstellung der Potentialkurve bis zum ablaufenden Bürstenrande gelangenden Stromteile nur geringfügig sind.

Der Erfolg der Tandembürste hängt aber von der Beschaffenheit des Bürstenmaterials ebenfalls ab. Stark selektive Bürsten der Marke C benötigen eine Steilheit der Potentialkurve, die gerade als Folge der guten Überbrückung durch die Tandemanordnung hohe Querströme und damit Bürstenfeuer zweiter Art ermöglicht. Ratternde Bürsten der Marke A geben einen solch mangelhaften Kontakt, daß die hintereinandergestellten Bürsten jede für sich Perlfeuer an ihrem ablaufenden Rand zeigen, weil die Teilströme an ihren ablaufenden Bürstenrändern gewaltsam kommutiert werden müssen, da keines der parallel geschalteten Exemplare einen ausreichenden Kontakt macht. Ein solcher Fall, wo beide der zwei hintereinander laufenden Bürsten an ihrem ablaufenden Rand funken, wurde in der Praxis beobachtet. Die um die Trennwand auseinander stehenden Bürsten gestatteten einen Durchblick in axialer Richtung, so daß auch die ablaufenden Kanten der auflaufenden Bürsten beobachtet werden konnten.

Ähnliches wie von der Tandembürste ist von der gestaffelten Bürste zu sagen. Für den Konstrukteur ist die gestaffelte Bürstenanordnung sehr zweckmäßig, da man mit nur einem bestimmten Bürstenprofil als Konstruktionselement beliebige Überdeckungen entsprechend Lamellendicke und Anordnung der Wicklung für jede Maschine durch Staffelung herstellen kann. Aber die gestaffelte Bürstenanordnung birgt noch einen anderen Vorteil in sich. Die Gesamtüberdeckung wird durch die gestaffelte Anordnung elastischer als durch die Verwendung einer einzigen in sich zusammenhängenden Bürste ähnlich wie bei der Tandembürste. Die gestaffelte Anordnung bleibt ebenso wirkungslos wie die Tandembürste bei Verwendung ungeeigneter Bürstensorten, also etwa zu selektiv arbeitender Bürsten oder aber zu stark ratternder Bürsten. Bei stark ratternden Bürsten konnte ebenfalls in der Praxis beobachtet werden, daß auch die gegen die Drehrichtung rückwärts gestaffelten Bürsten lebhaftes Perlfeuer am ablaufenden Bürstenrand zeigten, obwohl dieser Rand von der vorgestaffelten Bürste überdeckt war, also eigentlich gegen vollständige Kontaktunterbrechung geschützt sein sollte. Die vorgestaffelte Bürste gab einen so mangelhaften Kontakt mindestens auf ihrer ablaufenden Lauffflächenhälfte, daß damit die rückwärts gestaffelte Bürste nicht geschützt sein konnte.

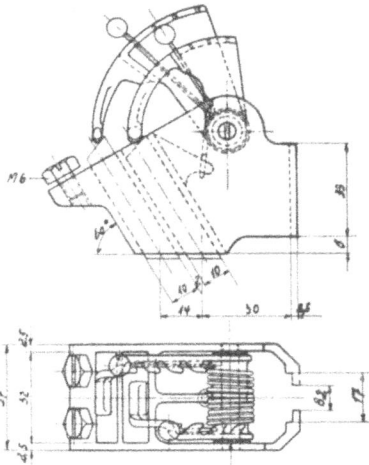

Tandemhalter der Ringsdorff Werke AG. Mehlem a. Rh.

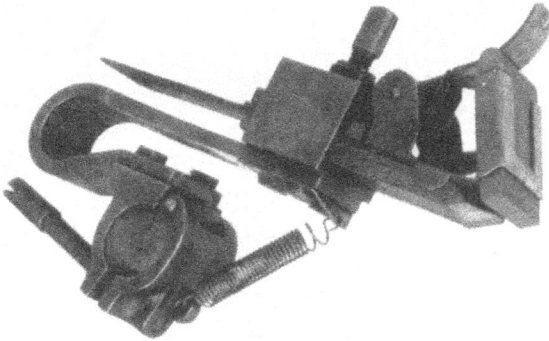

Alter Halter für Gewebebürsten mit vorgestaffelter Reinkohle
als sogenannter Funkenfänger.

Die vorgetragene Theorie des Bürstenkontaktes hat nun auch keinen Platz mehr für die Ansicht, daß der hohe Querwiderstand in tangentialer Richtung durch die Bürste Einfluß auf die Stromabnahme und Stromwendung habe. Man hat vorgeschlagen, Isolationsschichten in den Bürstenkörper einzubringen, um dem in tangentialer Richtung fließenden Querstrom den Weg zu sperren oder wenigstens über die Armatur zu verlängern. Die Isolationsschichten in der Bürste haben keinerlei Einfluß auf die Lage des Kontaktpunktes, da ja die leitenden Schichten der Bürste miteinander verbunden sind, so daß die verschiedenen Flächenteile der Lauffläche von diesem Gesichtspunkte aus gleichwertig sind. Wie in Teil I Abschnitt 9 gezeigt wurde, sind die Ohmschen Widerstände entlang dem Bürstenkörper so gering, daß sie in keiner Weise den Übergangswiderständen in den Gleitflächen vergleichbar sind.

Andere Vorschläge und Ausführungen, die Stromabnahme und Kommutierung durch die Gestalt der Bürstenlauffläche zu beeinflussen, sind ebenfalls von dem hier vorgetragenen Standpunkte aus wertlos. Man hat vorgeschlagen, dem Bürstenquerschnitt Dreieckform zu geben derart, daß die ablaufende Bürstenkante zur Spitze des Dreiecks wird. Der Kontakt wird in einem oder wenigen Punkten vollzogen, unbekümmert um die übrige Gestalt der Bürstenfläche. An großen Maschinen nachträglich angebrachte Bürsten mit sechseckigem Querschnitt derart, daß sowohl die auflaufende als auch ablaufende Bürstenkante eine Dreieckspitze waren, hatten nicht den gewünschten Erfolg.

Es wird an dieser Stelle noch einmal allgemein die Bedeutung des Übergangswiderstandes bei der Stromwendung behandelt. Das Feuer erster Art kann durch Erhöhung des Bürstenübergangswiderstandes nicht beseitigt werden. Im Gegenteil, glatte, saubere Kontaktflächen mit niedrigem Übergangswiderstand kommutieren in diesem Sinne sogar besser. Nur für das Feuern zweiter Art ist der Übergangswiderstand von Einfluß. Dieser und der weitere, vielleicht noch wesentlichere Grund, daß die Metallgewebebürsten und Metallblätterbürsten die Kommutatoren angriffen, haben wohl mitgespielt, daß die Kohle und Graphitbürsten die alten Metallbürsten verdrängten. Man kann mit der Kohle- und Graphitbürste höhere Potentialwerte überdecken, ohne Gefahr zu laufen, durch zu hohe Querströme Funkenbildung zu erhalten. In gleicher Weise wird auch eine Metallgraphitbürste niemals die Kohle und Graphitbürste ersetzen können, so verlockend das wegen der niedrigen Übergangsverluste sein mag. Selbst wenn etwa durch flacheren Potentialverlauf kein Feuer zweiter Art auftritt, so ist doch zu sagen, daß die Veränderlichkeit der anodischen Bürstenfläche gerade besonders der Metallgraphitbürsten eine stabile Einstellung des Kompensationsfeldes unmöglich macht. Ferner führt die hochgradige Empfindlichkeit der Metallgraphitbürste gegen ungleiche Flächenbelastung recht bald zu Brandstreifen auf der Bürstenfläche, wie im folgenden Abschnitt noch gezeigt wird. Der Brandstreifen verkürzt die mögliche Kontaktfläche und stört damit den einwandfreien Lauf. Zuletzt ist noch zu erwähnen, daß der Metallstaub bei hohen Spannungen der Maschine die Gefahr des Überschlages über Kriechstrecken herbeiführt. Die Metall-Graphitbürste scheidet also aus, nicht weil sie schlecht kommutiert, sondern aus den oben dargestellten Gründen. Im Gegenteil, solange die Metallgraphitbürste noch genügend Metall in der Lauffläche hat, kommutiert sie sogar sehr gut im Sinne der vorliegenden Arbeit.

Am Schluß dieses Abschnittes kann man zusammenfassend sagen, daß Stromabnahme und Stromwendung möglichst in der Nähe des auflaufenden Bürstenrandes stattfinden müssen, da Stromabnahme und Stromwendung in der Nähe des ablaufenden Randes zur Funkenbildung führen. Um Stromabnahme und Kommutierung in die Nähe des auflaufenden Bürstenrandes zu zwingen, ist ein Hilfsstrom in der Bürstenlauffläche notwendig, der dem Nutzstrom gerade in der Nähe des auflaufenden Bürstenrandes den Weg bereitet. Ein solcher Hilfsstrom stellt sich als Folge der zwischen den Lamellen von dem Wendefeld induzierten Spannungen ein. Derartige Querströme können ebenfalls zur Funkenbildung führen, wenn sie am ablaufenden Rande der Bürste unterbrochen werden. Die Spannung zwischen zwei Lamellen soll demnach Null oder wenigstens so gering sein, daß sie keinen funkenden Querstrom erzeugen kann, wenn die zugehörige Trennfuge abläuft. Das Wendefeld muß also so beschaffen sein, daß die Potentialkurve am auflaufenden Bürstenrand steil und am ablaufenden Bürstenrand möglichst horizontal verläuft, d. h. das Wendefeld muß unsymmetrisch zu den Bürsten stehen, sofern das wegen der Kompoundwirkung überhaupt möglich ist. Das selektive Bürstenmaterial C benötigt eine höhere Hilfsspannung am auflaufenden Bürstenrand als Material A. Neigt ferner eine Bürste zum Rattern, so muß der Zwang, daß Stromübertragung und Kommutierung in der Nähe des auflaufenden Bürstenrandes bleiben, größer, also das Wendefeld stärker sein. Die Wirkung verschiedener Systeme wie Tandembürsten, gestaffelte Bürsten, geschlitzte Bürsten usw. kann durch den Ausfall des Bürstenmaterials illusorisch werden. Die Eigenschaften des Bürstenmaterials wie Selektivität und Rattern dominieren in der Frage der Funkenbildung.

5. Brandstreifen auf den Bürstenflächen.

Wo Stromkreise durch Kontaktlockerung oder Kontakttrennung auseinandergerissen werden, wird im Abhebelichtbogen oder Lichtbogen Kontaktsubstanz durch Sprengen, Schmelzen, Verdampfen und Verbrennen, und zwar je nach den Bedingungen nur an den Anoden oder Kathoden oder aber an beiden verbraucht. Ein hoher örtlicher Verbrauch dieser Art ist in Form von scharfrandigen, parallel zu den Lamellen verlaufenden Brandstreifen oder von unregelmäßigen diffusen Wolken zu erkennen, wenn nicht überhaupt die ganze Bürstenfläche etwa durch Festhängen der Bürste in den Haltern durch einen Lichtbogen verbrannt ist. Übertrifft der mechanische Abrieb den elektrischen Brennverschleiß, dann kann die Bürstenfläche glatt bleiben trotz Funkenbildung. Brandstreifen werden überwiegend an den ablaufenden Bürstenrändern beobachtet. Es soll nun erklärt werden, warum diese Brandstreifen scharfrandig wie an einem Lineal gezogen, parallel zu den Lamellen auf den gesamten Bürsten einer Spindel oder der Spindeln einer Polarität oder sogar auf den Bürsten aller Spindeln der ganzen Maschine gleichzeitig erscheinen.

Je nach der Größe der Selbstinduktion und der Stromstärke tritt bei der Öffnung oder Lockerung der Kontakte eine Spannungserhöhung auf, die momentan zwischen allen parallelgeschalteten Bürsten einer Spindel und dem unter diesen liegenden Kommutatorsegment wirksam wird. Da es bei den vielen Schaltungen immer wieder vorkommt, daß alle anderen parallelgeschalteten Exemplare zu gleicher Zeit von dem Spannungsimpuls in lockerer Kontaktlage getroffen werden, so kommt es, daß die Zerstörungen auf den Flächen aller Bürsten eine örtlich gleiche Lage zur Segmentkante haben. Es kommt hinzu, daß der Spannungsimpuls, der durch die Selbstinduktionsspannung der Stromwendung entsteht, ebenfalls als Hilfsspannung unter den parallel geschalteten Exemplaren wirksam ist. Es wird also ein Anteil Nutzstrom unter den übrigen Exemplaren am Orte des Überschlages übertragen, der die zerstörende Wirkung auf den Bürstenflächen verstärkt. Wird also die ablaufende Bürstenkante an einem Exemplar etwa durch eine gewaltsam vollzogene Spätkommutierung verbrannt, dann geschieht das auch an den anderen in gleicher Linie stehenden Bürstenkanten.

Hält nun der mechanische Abrieb der ganzen Bürstenfläche dem elektrischen Abbrand nicht Schritt, so brennt langsam der Brandstreifen tief ein, wie das Abb. 24 übertrieben zeigt.

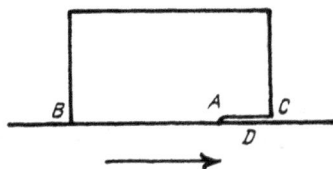

Abb. 24. Substanzverlust im Brandstreifen.

Der Rand *A* des Brandstreifens wird auf diese Weise zur eigentlichen Ablaufkante der Bürste. Der Brandstreifen gleicht dem Schlagloch auf der Landstraße. Eine Unebenheit auf der Landstraße wird nicht durch den Wagenverkehr abgeschliffen, sondern verstärkt. Einmal entstanden, vertieft sich auch der Brandstreifen, weil ein neuer Rand entstanden ist, an dem Abhebebogen und Lichtbogen wirksam sein können. Kante *C* der Bürste und Kommutator *D* kommen immer wieder durch Abnutzung des Teils *A B* in lockeren Kontakt, so daß also dauernd Perlfeuer an der Kante sichtbar bleibt. Tiefer gelegene Stromübergänge

8*

in dem Hohlraum werden hin und wieder als Spritz- oder Zungenfeuer sichtbar. Fallen nun weitere Teilkommutierungen größerer Strommengen auf den Rand A, so brennt dieser langsam entgegen der Drehrichtung weiter, und zwar wie eben begründet, auf allen Exemplaren der gleichen Spindel zu gleicher Zeit. Damit ist nun erklärt, daß der Brandstreifen an der ablaufenden Bürstenkante auf allen parallel geschalteten Bürsten einer Spindel von einer gemeinsamen, parallel zu den Kommutatorsegmenten liegenden Geraden begrenzt wird.

Die Streifenbildung ist bei Bürstenfeuer erster und zweiter Art möglich. Doch sind im allgemeinen die Funken der Unterkommutation (erster Art) viel schädlicher, als die Funken der Überkommutation (zweiter Art), weil die am ablaufenden Rande übertretenden Strommengen bei Unterkommutation gewöhnlich bedeutend größer sind. Dementsprechend sind auch die Brandstreifen bei Bürstenfeuer erster Art viel deutlicher.

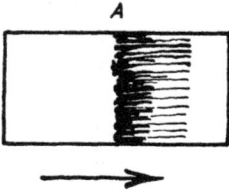

Abb. 26. Brandstreifen in der Mitte der Bürstenfläche.

Es kommt nun auch vor, daß Brandstreifen nicht den ablaufenden Bürstenrand bedecken, sondern etwa mitten in der Bürstenfläche an einer parallel zur Segmentkante liegenden Geraden beginnen und diffus zum ablaufenden Rand hin verlaufen, wie das in Abb. 25 dargestellt ist. Der ablaufende Rand selbst ist wieder blank. Ein solcher Brandstreifen kann dadurch entstehen, daß durch eine länger dauernde Verlagerung der Bürstenfläche oder wiederholte Bewegungen der Bürste (Ratterbewegungen) Stromabnahme und Stromwendung von einem Punkt der Linie A ab sich im Abhebebogen oder Lichtbogen vollziehen. Das kann nur in einer Stellung der Bürstenfläche geschehen, in der diese mit der Kommutatorfläche einen zur ablaufenden Bürstenkante hin weit genug geöffneten Keilraum bildet. Wird dieser von der Staubzone ausgefüllt, so sinkt zum ablaufenden Rande die Zahl der berührenden Staubteilchen. Wird er von der Überschlagszone ausgefüllt, so wächst der Abstand zum ablaufenden Rande hin. Unter allen Umständen nimmt also die Intensität sowohl für den Abhebebogen als auch für den Lichtbogen zur ablaufenden Kante hin ab. Für den Lichtbogen kann man den Keilraum mit einem Hörnerblitzableiter vergleichen. Damit ist der diffuse Verlauf des Brandstreifens zur ablaufenden Kante hin erklärt. Das gleiche gilt für die parasitären Spannungsimpulse unter den Nachbarbürsten der gleichen Spindel. Die scharfe Begrenzung des Brandstreifens zur auflaufenden Kante hin erklärt sich dadurch, daß vor der Linie A keine Spannungsimpulse auftreten, sondern erst von der Linie A ab. Außerdem stellt sich bald durch die örtliche Mehrbeanspruchung der Bürstenfläche in der Linie A ein örtlicher Mehrverbrauch ein, so daß selbst nach Verlagerung der Bürstenfläche in die ursprüngliche Stellung

Brandstreifen an ablaufen-
der Lamellenkante.

Brandstreifen in der Mitte einer Bürstenfläche.

Lamellenteilung auf der Bürstenfläche.
Durch Verlagerung der Bürste ver-
doppelt.

Zwei Brandstreifen auf einer Metallgraphitbürste.
Zweigängige Parallelwicklung.

oder nach Aufhören der Ratterbewegungen an der Vertiefung in *A* Abhebebogen oder Lichtbogen weiter wirksam sein können.

Nun wird weiter manchmal beobachtet, daß sich die Brandstreifen
gleichzeitig auf allen Spindeln und allen Bürsten einer Maschine in einer
auffälligen Regelmäßigkeit einstellen. Zunächst wird nun erklärt, in
welcher Weise die Brandstreifen auf den Spindeln der gleichen Polarität
zu gleicher Zeit entstehen. Es
handelt sich hier nur um Maschinen mit Schleifenwicklung und
Ausgleichsverbindungen, wie das
bei allen großen Gleichstromgeneratoren der Fall ist. Die Spindeln
gleicher Polarität sind durch den
Sammelring parallel geschaltet
und die unter diesen Spindeln
befindlichen Kommutatorsegmente durch die Ausgleichsverbindung (s. Abb. 26).

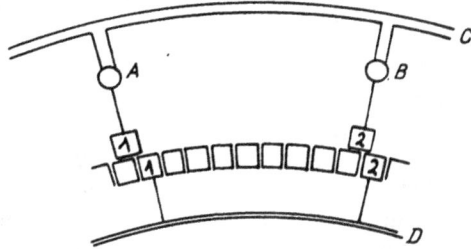

Abb. 26. Parallelschaltung verschiedener Kommutatorsegmente durch Ausgleichsverbindungen.

A und *B* sind gleichnamige Spindeln, die über die Bürsten *1* und *2*
den Kommutator berühren. *C* ist der Sammelring, der *A* und *B* verbindet. *D* ist die Ausgleichsverbindung, die Segment *1* und *2* verbindet.
Die Ausgleichsverbindungen sind bekanntlich dazu da, den Strom gleichmäßig auf die parallel geschalteten Ankerzweige zu verteilen. Sie können
aber nicht verhindern, daß der Strom sich unregelmäßig auf die Spindeln
verteilt. Man könnte ohne weiteres Spindeln fehlen lassen. Man nennt
dann die Ausgleichwicklung Mordeywicklung. Es kann also bei selektiv
arbeitenden Bürsten sich der Strom sehr ungleichmäßig auf die Spindeln
gleicher Polarität verteilen, ohne daß irgend etwas bemerkt wird. Nehmen
wir an, daß etwa auf Spindel *A* ein sehr aktives Bürstenexemplar arbeitet und daß unter diesem die Stromübertragung und Kommutierung
verspätet einsetzt, dann kommt es zwischen Bürste *1* und Segment *1*
zu einem funkenden Stromübergang mit hoher Öffnungsspannung. Diese
hohe Öffnungsspannung liegt nun zwischen allen Bürsten der Spindel *A*
und dem Segment *1*. Es bildet sich ein Brandstreifen, wie bereits beschrieben. Nun wird aber dieselbe Spannung infolge der Parallelschaltung
der Spindeln *A* und *B* und der Kommutatorsegmente *1* und *2* zu gleicher
Zeit auch zwischen Bürste *2* und Segment *2* wirksam. Es ist also so, daß
Spindel *B* gleichsam als eine Verlängerung der Spindel *A* anzusehen
ist. Der Brandstreifen erscheint also auch unter den Bürsten der Spindel *B* wie überhaupt unter allen Bürsten der gleichnamigen Spindeln.
Die Streifen brauchen nicht gleich breit zu sein auf den Bürsten der
einzelnen Spindeln. Das ist nur der Fall, wenn die Gesamtzahl der
Lamellen durch die halbe Spindelzahl teilbar ist und außerdem die
Teilung der Spindeln und des Kommutators genau ist.

Nun kommt es in der Praxis vor, daß die Bürsten beider Polaritäten an gleicher Stelle einen Brandstreifen aufweisen. An einigen Stellen trat diese Erscheinung nach einigen Stunden Betriebszeit mit so auffallender Regelmäßigkeit auf, daß man unwillkürlich auf einen Zusammenhang auch der Stromwendung beider Polaritäten hingewiesen wird. Es handelt sich hier um einen Gleichstromgenerator 3000 kW, 300 Volt, 10000 Amp., 500 n, 18 Pole und Bürstenspindeln. Die Zahl der Kommutatorsegmente betrug 216, war also durch 18 teilbar. Die Spindelteilung war genau, so daß die Kommutatorsegmente dauernd gleiche Stellung zu den Bürsten hatten. Auf allen Bürsten zeigte sich ein Brandstreifen, der bei der in tangentialer Richtung 38 mm breiten Bürste etwa 14 mm von der ablaufenden Kante mit einem scharfen Rande begann und zur ablaufenden Kante hin diffus auslief. Die ablaufende Kante selbst war blank. Kommutiert nun schlagartig ein größeres Quantum an einer Stelle, so stellen sich nach einiger Zeit Brandstreifen auf allen Bürsten der gleichen Polarität ein. Nun sind aber die kommutierenden Windungen einer Polarität mit den kommutierenden Windungen der anderen Polarität transformatorisch über Ankereisen und Hauptpole verkettet. Die schnelle Stromänderung in den kommutierenden Windungen einer Polarität ruft also in den kurzgeschlossenen Windungen der anderen Polarität einen kräftigen Spannungsimpuls hervor, der als Hilfsspannung die Kommutierung und Stromabnahme auf eine bestimmte Stelle der Bürste hinzwingt. Zur Verdeutlichung sei der Vorgang durch Abb. 27 illustriert. A und B sind die beiden transformatorisch verketteten Windungen der beiden Polaritäten. Die Pfeile an Windung A zeigen die Richtung der selbstinduzierten Reaktanzspannung, der Pfeile an Windung B die Richtung der durch A gegenseitig induzierten Spannung. Man erkennt aus der Abbildung ohne weiteres, daß die gleichgerichteten Spannungsimpulse für beide Polaritäten gleichsinnig liegen. Die Kommutierungen fallen also zeitlich zusammen und bilden sich in gleichem Abstande von den Bürstenkanten ab. Besonders leicht findet die Übertragung von den Brandstreifen bei Durchmesserwicklungen statt, wo die beiden Windungen als Ober- und Unterstab einer Nut sehr eng gekoppelt sind.

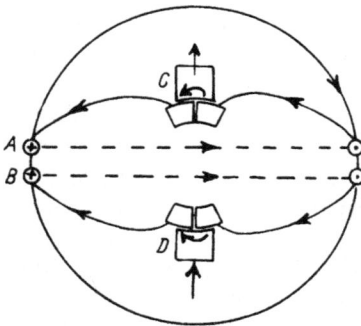

Abb. 27. Transformatorische Verkettung kommutierender Windungen unter beiden Polaritäten.

Es ist nun die weitere Beobachtung zu erklären, daß auf einer Bürstenfläche zwei Brandstreifen A und B entstehen, etwa wie Abb. 28 zeigt. Man findet meist, daß der Abstand a genau gleich einer Segmentdicke + Isolationsnut ist. Für diese Erscheinung kann folgende Erklärung gegeben werden. Gerät die Bürste in dem gezeichneten Augenblick (Abb. 29) in eine Kipplage auf dem auflaufenden Rand, dann muß sich die Stromwendung in den Wickelelementen C und D gleichzeitig schlagartig schnell vollziehen. Zwischen den Segmenten *1* und *3* und *1* und *2* entstehen die Spannungsimpulse G und F. Sie erzeugen Stromimpulse, die als Abhebebogen und Lichtbogen die linken Kanten der Segmente *2* und *3* bevorzugen, weil dort jeweils die engsten Stellen des Keilraums

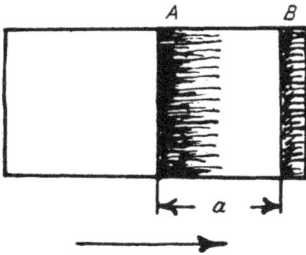

Abb. 28. Zwei Brandstreifen unter
einer Bürstenfläche.

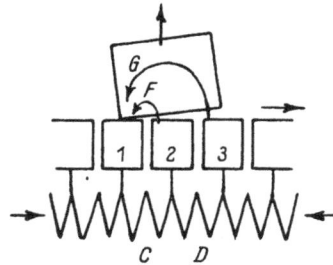

Abb. 29. Gleichzeitige Stromwendung
in zwei Wickelelementen.

sind. In der gezeichneten Stellung haben die Brandstreifen den Abstand a gleich einer Segmentdicke $+$ Isolationsnut. Andere Teilungen können nur zeitlich nacheinander entstanden sein, indem etwa erst der Brandstreifen A entsteht und später B. Die Bürste kippt nicht weit genug auf, so daß nur A entsteht, und später zu weit, so daß nur B entsteht. Eine derartige unregelmäßige Verteilung der Brandstreifen kann auch zustande kommen, wenn die Bürstenkrümmung durch Rattern stärker ausgeschleudert wird. Der Keilraum kann dadurch so verkürzt werden, daß er nicht mehr zwei Isolationsnuten bedeckt.

Es wird auch gelegentlich beobachtet, daß ein Brandstreifen nicht voll in axialer Richtung durchläuft, sondern an einer Stelle aufhört oder sich im Abstande von einigen Millimetern in tangentialer Richtung versetzt fortsetzt (s. Abb. 30). Im Lichtreflex konnte man deutlich an einem solchen Bürstenexemplar feststellen, daß die Bürstenlauffläche aus zwei zueinander geneigten Teilflächen A und B besteht. Ferner zeigte die Bürste Ratterspuren. Offenbar hat die Bürste zeitlich nacheinander mit je nur einem Teil gearbeitet. Durch das Rattern

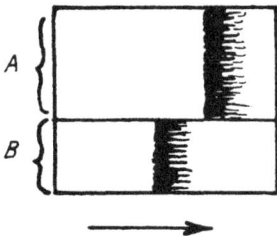

Abb. 31. Verlagerter Brandstreifen.

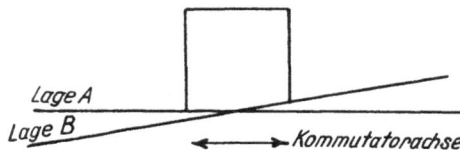

Abb. 31. Verlagerung der Bürste.

wurde die Bürste plötzlich in eine andere Lage gebracht, indem sie in axialer Richtung gekippt wurde und in der neuen Lage längere Zeit verblieb. Der Vorgang ist in Abb. 31 in einem Axialschnitt von Kommutator und Bürste illustriert. Kommt das Exemplar in der neuen Lage etwa durch schwer leitende Beläge auf dem Kommutator nicht zur Stromübertragung, dann setzt sich der Brandstreifen nicht mehr fort. Kommt es aber zur Stromübertragung, dann kommt es gewöhnlich in der neuen Lage auch zu einer Verlagerung des Brandstreifens, da die Bürste für die neue Lage nicht eingeschliffen ist. So sind im allgemeinen bei dem Versuch,

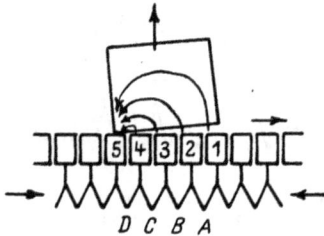

Abb. 32. Gleichzeitige Stromwendung
von 4 Wickelelementen einer Nut.

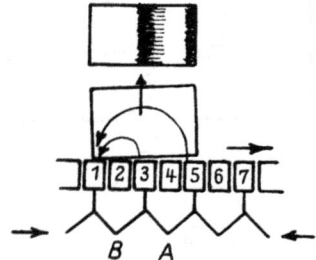

Abb. 33. Brandstreifen bei einer
doppelgängigen Parallelwirkung.

die Teilung des Brandstreifens der Kommutatorteilung zuzuordnen, die Bewegungen der Bürste zu berücksichtigen, um die Unregelmäßigkeiten zu deuten.

Eine ganz eigenartige Brandstreifenzeichnung findet sich häufig auf den kathodisch polarisierten Bürsten von Kleinmotoren hoher Spannung, etwa 440 Volt, mit einer Bürste pro Spindel und mehreren Kommutatorsegmenten pro Ankernut, indem sich auf den Bürstenflächen die Kommutatorteilung abbildet. Da hier die Bürsten gewöhnlich etwa so viele Segmente bedecken, als auf die Ankernut entfallen, so treten periodisch in Frequenz der Ankernuten alle Wickelelemente, die zu derselben Ankernut gehören, in den Kurzschluß unter der Bürste. In Abb. 32 sei ein solcher Fall für 4 Segmente pro Nut dargestellt.

Gerät die Bürste in eine Kipplage auf dem auflaufenden Rand, so kommutieren die 4 Wickelelemente A, B, C und D gleichzeitig schlagartig schnell. Da die 4 Wickelelemente in einer Nut zusammenliegen, ist die Induktivität durch die gegenseitige Induktion besonders hoch. Es entstehen also kräftige Spannungsimpulse zwischen den Segmenten 1 und 5, 2 und 5, 3 und 5 und 4 und 5. Das Brandstreifenbild stellt eine Momentphotographie der Lamellenteilung dar. Dem Brandstreifen in Lamellenstärke folgen blanke Streifen in Stärke der Isolationsnut. Solche Lamellenteilungen auf der Bürstenfläche können nach wenigen Minuten eintreten. Sie bleiben nur selten längere Zeit rein erhalten, da meist schon nach kurzer Zeit durch Weiterwachsen des Brandstreifens oder durch mechanische Umlagerung der Bürste das Bild verwischt oder vervielfacht wird.

Daß nun gerade unter den Kathoden die Lamellenteilung besonders stark abgebildet wird, liegt daran, daß unter den Kathoden die Lichtbogenbasis festhaftet und zu markanten örtlichen Verbrennungen führt. Daß die zugehörige Anode manchmal ganz sauber bleibt, liegt daran, daß überhaupt die Stromwendung sich in diesem Falle außerhalb der Bürstenberandung vollzieht. Das wird besonders beobachtet bei unruhigem Lauf der Bürsten.

An den Metallgraphitbürsten auf Niederspannungsdynamos für Galvanotechnik beobachtet man bei mehrgängigen Schleifenwicklungen, daß die anodischen Laufflächen Brandstreifen zeigen, die genau den Abstand mehrerer Lamellen, entsprechend der Anzahl der durch die Bürsten parallelgeschalteten Wicklungen, aufweisen. Bei einer zweigängigen Parallelwicklung ist also der Abstand der Brandstreifen gleich 2 Lamellen + 2 Isolationsnuten. Die Erklärung ist leicht aus Abb. 33 zu verstehen.

Zunächst ist zu bemerken, daß durch die Unvollkommenheit der Kontaktgebung in den Laufflächen der Bürsten zeitweilig nur eine der beiden Wicklungen Strom führt. Deshalb ist in der Abb. 33 nur die Wicklung gezeichnet, die mit den Segmenten *1, 3, 5* und *7* verbunden ist. Tritt in der gezeichneten Stellung eine Kipplage auf dem auflaufenden Bürstenrand auf, so entstehen durch plötzliche Stromwendung in den Wickelelementen *A* und *B* Spannungsimpulse zwischen den Segmenten *1* und *5* und den Segmenten *1* und *3*. So sind also die beiden Brandstreifen im Abstande von 2 Lamellen + 2 Isolationsnuten zu verstehen. Daß gerade die anodische Metallgraphitbürste diese Erscheinung zeigt, und nicht die kathodische, liegt daran, daß das Metall der Bürste sehr leicht anodisch im Abhebebogen verdampft wird. Die Stromstärke ist hoch und die Spannung klein.

Zu erwähnen ist noch, daß bei gestaffelter Anordnung der Bürsten natürlich nur dann ein Brandstreifen an den rückwärts gestaffelten Exemplaren entsteht, wenn der Brandstreifen der vorwärts gestaffelten bereits die Linie der rückwärts gestaffelten erreicht (s. Abb. 34). Dieselbe Überlegung ist anzuwenden, wenn die Bürsten infolge ungenauer Einstellung nicht in einer Linie stehen.

Abb. 34. Brandstreifen auf gestaffelten Bürsten.

Die Brandstreifen sind nachteilig, weil sie als tiefer liegende Flächenteile die Kontaktmöglichkeit der Bürstenfläche einschränken. Es entstehen in den Brandstreifen Abstände von der Größenordnung eines hundertstel Millimeter, die nur noch von sehr hohen Spannungen überbrückt werden können. Man ist deshalb gezwungen, nach eingetretenen Störungen der Kommutierung die Brandstreifen durch erneutes Einschleifen der Bürsten oder, was dasselbe bedeutet, durch Abschmirgeln des Kommutators zu beseitigen. Verfasser fand an einer Stelle die Praxis vor, die Brandstreifen durch längeres Fahren mit Teillast (oft mehr als 24 Stunden) wegzuschleifen.

Zu unterscheiden von den Brandstreifen sind sog. Ratterstreifen. Es wurde in Teil II auseinandergesetzt, daß bei ratternden Bürsten die Laufflächen poröses Aussehen erhalten, weil größere Teilchen aus der Lauffläche herausgerissen werden. Wird durch Rattern die Bürste sehr stark verlagert, so kann es vorkommen, daß an der auflaufenden Bürstenkante in einer gewissen Breite ziemlich scharf begrenzte Streifen poröser Struktur auftreten, die ähnliches Aussehen wie Brandstreifen haben. Mitunter sind diese Streifen aber auch besonders glatt geschliffen, infolge der mechanisch besseren Berührung. Schwingt die Bürste rückwärts, also gegen die Drehrichtung zurück, wie das beim Rattern möglich ist, dann stellt sich oft ein ganz feiner blanker Streifen an der ablaufenden Bürstenkante auf dem Brandstreifen ein.

Punga und Schliephake (»Aufnahme der Bürstenpotentialkurve mit einem neuen Meßgerät«. E. u. M., Heft 11, S. 201, 1927) haben die maximalen Spannungswerte an Bürsten mit Brandstreifen an den ablaufenden Rändern gemessen. Bei dem ersten von den Autoren angeführten Beispiel ergeben sich als Scheitelwert 21,7 Volt an der ablaufenden Kante einer Kathode. Da es sich um eine Kathode handelte, war äußerlich kaum Funkenbildung zu erkennen. Dagegen zeigte sich ein grauer Streifen von 5 mm Breite am ablaufenden Rand der Bürstenfläche.

In dem Beispiel 2 ergab sich an einer funkenden Kathode ein Scheitelwert der Spannung von 17,4 Volt. Die ablaufende Bürstenkante zeigt einen 2 mm breiten schwarzen Streifen. Nach Abschmirgeln und Einfetten des Kommutators lief die Maschine funkenfrei. Der Scheitelwert der Spannung am ablaufenden Rand der Kathode war auf etwa 4,7 Volt gefallen.

Alle gemessenen Spannungen lagen in Richtung des Nutzstroms, ein Zeichen also, daß es sich um Bürstenfeuer erster Art handelte. Man kann auf Grund dieser Messungen vermuten, daß durch solch hohe momentane Spannungswerte die statisch gemessene Potentialkurve verformt wird. Insbesondere ist es möglich, daß Potentialkurven, wie sie durch Abb. 35 dargestellt sind, durch hohe Öffnungsspannungen am ablaufenden Bürstenrand entstehen.

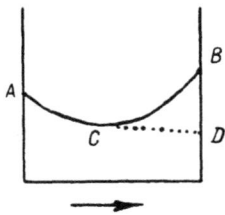

Abb. 35. Veränderung des Potentialdiagramms durch hohe Stromwendespannungen am ablaufenden Bürstenrand.

Die Maschine ist etwas überkompensiert und zeigt im ungestörten Zustande die Potentialkurve A, C, D. Sobald größere Strombeträge aus irgendeinem Grunde in der Nähe der ablaufenden Bürstenkante übertragen und kommutiert werden, ergibt sich die Potentialkurve A, C, B.

Tatsächlich ist die V-förmige Potentialkurve an einer Maschine, bestückt mit Marke C, gemessen worden, die mit Marke A bestückt ein flaches Potentialdiagramm zeigte. Die Maschine funkte mit Marke C, während sie mit Marke A funkenfrei lief. Es sei zur Einschränkung gesagt, daß nicht immer eine V-förmige Potentialkurve auf Fehlkommutierungen zurückzuführen ist. Man kann sich einen Feldverlauf denken, der als Integralkurve eine V-förmige Potentialkurve gibt.

Die Erklärungen über die Entstehung von Brandstreifen gingen wiederholt von der Voraussetzung aus, daß die Stromwendung gelegentlich impulsartig schnell verläuft. Es soll nun eine Reihe von anderen Beobachtungstatsachen angeführt werden, die geeignet sind, diese Voraussetzung zu stützen. Auf einer großen Gleichstrommaschine für elektrochemische Zwecke 850 kW, 120 Volt, 6500 Amp., 16 Pole und Spindeln à 12 Bürsten wurde eine Bürstenmarke C angewandt, nachdem zuvor Bürstenmarke A in Anwendung gewesen war. Man beobachtete nun, daß nach einer gewissen Betriebszeit der Ständer der Maschine vibrierte bei Qualität C, während der Ständer ruhig war bei Qualität A. Diese sonderbare Erscheinung kann wohl nur in folgender Weise erklärt werden. Bei der relativ hohen Strombelastung von 68 Amp. pro Bürstenexemplar arbeitete Qualität C besonders selektiv. Gelegentlich impulsartig verlaufende starke Kurzschlußströme konnten trotz aller Dämpfung durch andere gleichzeitig kurzgeschlossene Windungen oder durch die Eisenmasse der Pole und des Joches magnetische Flußschwankungen hervorrufen, die den Ständer mechanisch zu Schwingungen anstießen. Das ist besonders möglich, wenn nicht jedes Segment eine Ausgleichsverbindung hat, so daß also ein Ankerzweigpaar einen unsymmetrischen Anstoß zu Ständerschwingungen geben kann. Es wird weiter von einer großen Turbodynamo berichtet, daß die Maschine anfing zu vibrieren, nachdem sich eines Tages ein Bürstenexemplar festgeklemmt hatte und daß nach Lockerung dieses Exemplars die Schwierigkeit beseitigt war. Es ist bekannt, daß im Halter festgekeilte Exemplare eine Zeitlang mit einem ungewöhnlichen Auflagedruck arbeiten und damit in der Parallelschaltung ganz erheblich überlastet werden. Man könnte hier von einer erzwungenen Selektivität sprechen. Ähnlich wird von Kleinmotoren berichtet, daß magnetisch erzeugte Geräusche je nach der angewandten Bürstenmarke verschieden waren. Der impulsartige Verlauf der Kommutierung macht sich auch als Störer des Rundfunks bemerkbar. So haben Maschinen mit selektiven Bürsten C gestört, ohne daß eine merkliche Funkenbildung auftrat.

Ein anderer Fall ist hier ebenfalls von Interesse. Zwei große Einanker-Umformer wurden in Kreisschaltung geprüft. Auf beiden wurde eine selektive Bürstenmarke verwandt. Nach einigen Stunden glühten die Bürsten auf dem von der Gleichstromseite angetriebenen Einanker auf und funkten. Es war also ungleiche Stromverteilung aufgetreten, bei der nun große Strommengen schlagartig schnell kommutiert wurden. Die dabei auftretenden Feldschwingungen in den Hauptpolen störten die Sinusform des abgehenden Wechselstroms. Beide Einanker fingen daraufhin an zu pendeln. Es wurde dann der von der Gleichstromseite angetriebene Einanker mit weniger selektiven Bürsten bestückt, während der von der Wechselstromseite angetriebene die alte selektive Bestückung behielt. Wieder stellte sich, allerdings diesmal nach längerer Zeit, das Pendeln der beiden Einanker ein, nachdem auf dem von der Wechselstromseite angetriebenen Einanker die selektiven Bürsten den Kollektor geschwärzt hatten und sehr stark zu funken anfingen.

Auch der Erfolg, den nachträglich angebrachte Dämpferwicklungen auf die Funkenbildung hatten, weist auf den Impulscharakter der Stromwendung hin. Sehr wirksam sind die in den Ankernuten eingebauten Dämpfereinrichtungen. Trettin (C. Trettin, »Stromwendung und Dämpfung bei Gleichstrommaschinen«, Wissenschaftliche Veröffentlichungen aus dem Siemens-Konzern, Bd. XII, 2. Heft, 1933) beschreibt einen Fall, wo nach Einbau der Nutendämpfung die vorher mit dem Nennstrom noch eben funkenfrei arbeitende Maschine fast die doppelte Stromstärke funkenfrei übertrug. Maschinen, die mit Nutendämpfern ausgerüstet waren, zeigten kein Kippfeuer, während weniger beanspruchte Maschinen unter gleichen Verhältnissen Kippfeuer ergaben.

Ferner ist der günstige Einfluß von Kurzschlußwicklungen um die Hauptpole auf die Stromwendung bekannt. Töfflinger (K. Töfflinger, »Der Gleichstrom-Bahnmotor im Betrieb mit welliger Oberspannung«, Bergmann-Mitteilungen 1929, S. 262) hat eine besondere Ausführungsform für den Bahnmotor empfohlen, indem er zur Dämpfung der Feldschwingungen einen Parallelwiderstand zur Feldwicklung anordnete. Das Experiment bestätigte, daß die Feldschwingungen ganz erheblich vermindert wurden, wenn ein Parallelwiderstand an den Enden der Feldspulen angeschlossen war.

Hierhin gehört auch eine interessante Beobachtung, die man bei hochtourigen Kleinmaschinen, etwa Staubsaugermotoren, macht. Bei noch frisch eingeschliffenen Bürsten oder schlecht aufliegenden Bürsten verläuft die Stromwendung impulsartig schnell. Die mit den kommutierenden Windungen über die Hauptpole transformatorisch verketteten Windungen werden im Augenblick der Stromwendung induziert. Ist die Stromwendungszeit kurz genug, dann ist der auftretende Spannungsimpuls so groß, daß der auf der nicht ausgekratzten Glimmerisolation befindliche Kohlenstaub momentan zum Aufglühen gebracht wird. So beobachtet man in der Tat das Aufleuchten von Isolationsnuten in Abständen der Segmentteilung in der Nähe der Bürsten. Die erste aufleuchtende Isolationsnut erscheint genau um eine Segmentteilung von dem eigentlichen Punkt der Stromwendung der Bürste entfernt. Es leuchten nur diejenigen Nuten auf, deren zugehörige Windungen einen ausreichenden Spannungsimpuls von dem pulsierenden Hauptfeld erhalten.

Die mangelnde Dämpfung bei kleinen und kleinsten Maschinen wird auch wohl der Grund sein, daß man auf solchen Maschinen vorzugsweise die Marke *A* verwendet, ohne Rücksicht darauf, ob der Glimmer ausgekratzt ist oder nicht. Nur die Marke *A* kann den Kohlenstoffbelag genügend frei halten, der durch die hohen Spannungsimpulse auf die Kommutatorfläche übertragen wird. Es ist also das Verhalten der Marke *A* gegen den Kohlenstoffbelag auf dem Kommutator, das diese Marke für die genannte Art von Maschinen besonders geeignet macht, und nicht, wie das landläufige Dogma sagt, der hohe spezifische Widerstand des Materials *A*.

Zusammenfassung. Die Brandstreifen werden als ein örtlicher Mehrverbrauch erklärt. Mehrere Brandstreifen unter einer Bürste lassen sich der Segmentteilung des Kommutators zuordnen. Durch Rattern, Verlagern der Bürsten kann die Teilung der Brandstreifen gestört werden. Es können so mehrere Fleckenbilder übereinander gelagert werden. Bei der Parallelschaltung mehrerer Bürsten kann der Ort der Stromwendung unter allen Exemplaren durch das Exemplar, das den größten Stromanteil überträgt, bestimmt werden. Es entstehen Brandstreifen unter allen Exemplaren, die von einer durchgehenden gemeinsamen Geraden begrenzt werden. Der Vorgang kann sich unter den Bürsten der anderen Spindeln der gleichen Polarität fortsetzen. Durch transformatorische Verkettung ist eine Übertragung auf die andere Polarität möglich. Bei Lichtbogenentladungen zeigt die Kathode scharfbegrenzte Brandstreifen, während die Anode frei von Brandstreifen bleibt. Der impulsartige Verlauf der Stromwendung wird durch andere Beobachtungen bestätigt.

6. Interessante Beispiele.

In diesem Abschnitt werden einige Beispiele aus der Praxis wiedergegeben, die ganz auffällig die in den Abschnitten »Funkenbildung« und »Wendepol und Funkenbildung« erörterten Zusammenhänge zwischen kontakthemmenden Fremdschichten, Reibungsstörung der Bürsten und Funkenbildung bestätigen.

In einer Gleichstromanlage allergrößten Stiles, in der 22 Generatoren von 6000 kW, 500 Volt, 12 000 Amp. lange Zeit im Dauerbetrieb arbeiteten, wurde wiederholt beobachtet, daß bei plötzlich eintretender feuchter Witterung eine ganze Reihe von Maschinen, die vorher praktisch funkenfrei liefen, lebhaftes Perlfeuer zeigten. Man pflegte dann die Regulier-shunts der Wendepolwicklungen zu betätigen, und zwar in dem Sinne, daß das Wendefeld verstärkt wurde. Nach etwa 24 Stunden Betrieb mußten die Shunts auf die ursprüngliche Einstellung zurückreguliert werden. Vielfach beobachtete man gleichzeitig, daß helle kupferfarbene

Angriffsbahnen in der sonst ziemlich hellen, rein oxydischen Kommutatorpolitur auftraten und in diesen hellen Bahnen an den ablaufenden Segменträndern die in Teil II, Abschnitt 5, beschriebenen Zittermarken. Es ist ziemlich wahrscheinlich, daß es sich hierbei also um Ratterfeuer handelte, verursacht durch die teilweise Zerstörung des glatten Oxydbelages.

Den Zusammenhang zwischen Bürstenreibung und Funkenbildung zeigt noch viel besser folgendes, in der eben beschriebenen Anlage gemachte Experiment. Man kam auf die Idee, die zeitliche Konstanz der Kommutierung müsse erreicht werden können, wenn man in der Lage sei, die Kollektorpolitur durch Poliermittel in ihren Eigenschaften konstant zu halten. Man verteilte rings um den Kollektor herum auf die 24 Spindeln je eine Karborundumpulver enthaltende Naturgraphitkohle. Die Maschine war im übrigen mit an sich gut polierenden Elektrographitbürsten bestückt. Schon beim stromlosen Einlauf war deutlich festzustellen, daß die mit den eben beschriebenen Reibungskohlen besetzte Maschine eine sehr viel höhere Kollektortemperatur zeigte als die angekuppelte, unter gleichen Bedingungen laufende Schwestermaschine. Das Ergebnis der Belastungsprobe war überraschend. Prasselndes weißes Perlfeuer an allen Spindeln. Obwohl die Bürsten in gestaffelter Anordnung liefen, und zwar um 8 mm gegeneinander verschoben, zeigten sowohl die vorwärts, als auch die rückwärts gestaffelten Kohlen das Perlfeuer in gleicher Intensität. Man kam zunächst gar nicht auf die Vermutung, daß die Polierkohlen an diesem Verhalten schuld seien, da man unglücklicherweise eine doppelte Veränderung vorgenommen hatte. Man hatte zu gleicher Zeit auch das Staffelungsmaß von ursprünglich 6 auf 8 mm erhöht. Das Staffelungsmaß wurde nun wieder reduziert. Wiederum prasselndes weißes Perlfeuer an allen Spindeln. Die Reibungskohlen hatten also eine derartige Verschlechterung gebracht, daß man nicht einmal mehr unterscheiden konnte, ob die Maschine mit dem einen oder anderen Staffelungsmaß besser lief. Sie lief aber sofort besser, als man die Reibungskohlen entfernt hatte. Zu einem hörbaren Rattern ist es nicht gekommen. Die Kollektorpolitur war blank kupferfarben. Die auflaufenden Segmentkanten zeigten die Zittermarken außergewöhnlich deutlich und regelmäßig.

Ein weiterer Versuch in derselben Anlage weist ebenfalls deutlich darauf hin, daß Reibungsstörung und Funkenbildung in einem engen Zusammenhang stehen. Man glaubte das Verhalten einer Maschine wesentlich verbessern zu können, wenn man geschlitzte Bürsten verwende. Es wurden die Bürsten in axialer Richtung geschlitzt, und zwar mehr als 20 mm tief. Die Bürste selbst hatte eine Höhe von etwa 40 mm. Dieser tiefe Schlitz änderte ganz wesentlich das elastische Verhalten der Bürste. Beim Anschlagen der vollen Bürste und der geschlitzten Bürste gegen einen festen Gegenstand vernahm man deutlich einen ganz verschiedenen

Ton. Tatsächlich trat nun ein Mißerfolg auf, insofern die Maschine mit geschlitzten Bürsten schlechter kommutierte, als mit ungeschlitzten Bürsten. Das Reibungsgeräusch der geschlitzten Bürsten war außerordentlich stark. Die mit mehreren Hundert Bürsten besetzte Maschine gab ein Geräusch von sich, das dem eines geöffneten Dampfventils glich. Von einem Rattern konnte man eigentlich nicht sprechen. Die Bürsten vibrierten nicht sichtbar. Aber die geschlitzten Bürsten funkten wesentlich stärker als die ungeschlitzten vorher.

In derselben Anlage wurde eines Tages Transformatorenöl ausgekocht. Die in der Nähe befindliche Maschine zeigte augenblicklich stärkeres Perlfeuer, als sie von dem Ölrauch getroffen wurde. Hierzu paßt die folgende, fast unglaublich klingende Mitteilung. In einer Radiozentrale funkte eine Hochspannungsmaschine periodisch mit den Schichten der Maschinenwärter. Man stellte schließlich fest, daß die Maschine funkte, wenn die Tabakraucherschicht anwesend war, und nicht funkte bei den Nichtrauchern. Die Betriebsleitung ordnete dann das Rauchverbot an. Es ist wohl in beiden Fällen die Erklärung möglich, daß die feinsten Rauchteilchen als Kondensationskerne für den Wasserdampf der Luft wirkten, wenn gerade der Taupunkt der Temperatur für den betreffenden Luftfeuchtigkeitsgehalt erreicht wurde. Es konnte dann über die ungeheure Anzahl von Rauchteilchen (ein Zigarettenraucher sendet pro Zug 4000 Millionen aus) reichlich Wasser auf die Kommutatoroberfläche transportiert werden. Die Beschwerung feinster Rauchteilchen mit Wasser ist ja von der Wirksamkeit des Rauchverzehrers bekannt.

Das nächste Beispiel dürfte wohl einen Fall von Widerstandsfeuer betreffen. In einer Wasserkraftanlage, die aus 4 Maschinen je 4300 kW, 150 n besteht, beobachtete man, daß allabendlich nach Sonnenuntergang Funkenbildung, und zwar leichtes Perlfeuer auftrat. Es gelang wiederholt, durch Verschieben der Bürstenbrille die Funkenbildung auf ein erträgliches Minimum zu bringen. Am anderen Tag nach Beendigung der Störung wurde dann die Bürstenbrille in die ursprüngliche Stellung zurückgebracht. Bei schwereren Störungen mußte man sich durch Abschmirgeln der Kollektoren helfen. Diese Anlage steht in einem vegetationsarmen Flußtal, dessen Luft sich am Tage mit Feuchtigkeit anreichern konnte. Die schnelle Abkühlung des Bodens und der Luft in vegetationsarmen Gebieten führt nach Aufhören der Sonnenbestrahlung zu einer hohen relativen Luftfeuchtigkeit. Bestätigt wird diese Erklärung für das Auftreten von Funken nach Sonnenuntergang, daß zur Zeit feuchter Witterung ebenfalls Funkenbildung und hörbares Rattern auftrat. Während längerer Feuchtigkeitsperioden werden mindestens alle 14 Tage die Kollektoren leicht geschmirgelt als Vorbeugungsmaßnahme. Zu bemerken ist, daß in der gleichen Anlage das Anlaufen von einzelnen Litzen beobachtet wurde, jedesmal wenn feuchte Witterung eintrat. Solche Bürsten zeigten auch Ratterspuren an den Seitenflächen.

Nicht selten wird beobachtet, daß bei plötzlichem Einsatz von kalter Witterung oder in einer strengen Frostperiode Gleichstrommaschinen funken. Wird die wärmere und feuchtere Luft des Maschinenhauses durch die äußere Kühlluft auf den Taupunkt abgekühlt, dann beladen sich die Staubteilchen mit Wasser und befeuchten so den Kommutator.

In dem Elektrizitätswerk einer größeren Stadt, die in einem niederschlagsreichen Gebiet liegt, ist wiederholt die Beobachtung gemacht worden, daß die Bürsten in sämtlichen Unterstationen anfangen zu kreischen, also zu rattern, sobald feuchtes Wetter auftritt. Gleichzeitig wurde in diesen Fällen Bürstenfeuer beobachtet.

In einem anderen Falle, wo es sich um einen 300-kW-Generator von 750 n handelte, wurde eine mit Paraffin imprägnierte Naturgraphitkohle benutzt. Die Kohle lief ½ Jahr lang einwandfrei. Um die Maschine weiter funkenfrei zu halten, mußte stündlich etwas Fett auf den Kommutator gebracht werden. Die Betriebsleitung vermutet, daß die salzhaltige Seeluft (die Maschine steht in einem Küstenort der Nordsee) einen ungünstigen Einfluß auf das Verhalten der Maschine ausübt. Man kam auf diese Idee, weil man im gleichen Betrieb Schwierigkeiten mit Tirillreglern hatte. Die Silber- und Wolframkontakte in diesen Reglern waren nicht beständig genug, man war gezwungen, Platinkontakte einzuführen.

In einer Papierfabrik beobachtete man in einem bis zur Sättigungsgrenze luftfeuchten Raum bei sehr kleinen Belastungen und Umfangsgeschwindigkeiten, daß Schleifringe und Kollektoren sich in sehr kurzer Zeit schwarz färbten, so daß Funkenbildung einsetzte. Die Bürsten waren fühlbar feucht.

Einen weiteren Fall von Ratterfeuer bietet die Umformeranlage einer chemischen Fabrik. Die Umformeranlage liegt in der Nähe der Chlor-Elektrolyse. Bei bestimmten Windrichtungen tritt Chlor in den Maschinenraum ein. In demselben Augenblick fangen die Bürsten an zu kreischen und zu funken. Bei sehr reichlichem Zutritt von chlorhaltiger Luft beobachtet man sogar, daß auch die Bronzebürsten auf den Schleifringen feuern. Das Feuer steigert sich oft so stark, daß ein weiterer Betrieb die Maschinen gefährden kann. Man hilft sich in diesem Betrieb bei leichteren Störungen so, daß man die Schleifflächen der Kommutatoren und Schleifringe mit Bienenwachs fettet. Die Bürsten beruhigen sich dann, laufen geräuschlos und funkenfrei. In schwereren Fällen ist dagegen durch Fetten keine Besserung zu erzielen. Man ist gezwungen, die Schleifflächen abzuschmirgeln, um die Störung zu beseitigen. Die vorher dunkle Kommutatorpolitur wird durch das Chlor in kurzer Zeit hell, wie das bereits in Teil I, Abschnitt 8, beschrieben worden ist. Die glatte, dunkle Politur ist zerstört. Mit dem Putzlappen wischt man auf dem hellen Kommutator mehr Staub ab, als auf dem vorher dunklen Kommutator. Die losen Politurteilchen stören die Reibung und führen deshalb zu Ratterfeuer. An einer anderen Stelle hellte sich der vorher dunkle Kommutator in kurzer Zeit auf, als eine Ammoniakleitung der in der Nachbarschaft befindlichen Kältemaschinen undicht wurde. Es setzte unmittelbar bei Zutritt der Ammoniakluft lebhaftes Perlfeuer ein. Die Erklärung ist dieselbe wie in dem vorhergehenden Beispiel.

Ein Beispiel für Widerstandsfeuer ist in dem folgenden Fall gegeben. In einer Kunstseidefabrik, die nach einem Verfahren arbeitet, das feuchten Schwefelwasserstoff in die Arbeitsräume abgab, war es unmöglich, auf den Kupferkollektoren infolge Kupfersulfidbildung längere Zeit einen funkenfreien Betrieb auf den Gleichstrommotoren zu erhalten. Die Kollektoren schwärzten sich und funkten dann sehr. Man fand hier einen Ausweg mit Eisenkollektoren. Doch ist zu sagen, daß trotzdem der Betrieb dauernd empfindlich geblieben ist.

7. Schlußwort.

Die Stromwendung bei elektrischen Maschinen steht in einem innigen Zusammenhang mit den physikalischen und chemischen Zuständen der Gleitfläche von Bürste und Kommutator. Diese ändern sich zeitlich durch die mechanische Wirkung der Gleitbewegung, durch den Stromdurchgang und durch den Wechsel der atmosphärischen Verhältnisse. Zustandsänderungen der Gleitflächen ziehen ein veränderliches Verhalten der Stromwendung nach sich.

Das Bürstenmaterial soll demnach so beschaffen sein, daß diese zeitlichen Zustandsänderungen der Gleitflächen möglichst gering ausfallen. Die Marke A beseitigt zwar leicht die kontakthemmenden Fremdschichten, stört aber anderseits durch ihre Ratterneigung bei den heute üblichen Umfangsgeschwindigkeiten der Kommutatoren. Die Marke C verhält sich kontakthemmenden Fremdschichten gegenüber neutral und begünstigt daher zeitliche Änderungen des Politurzustandes. Das Bürstenmaterial soll sich also soweit wie möglich der A nähern, ohne zu rattern oder den Kommutator anzugreifen. Es ist aber, wie die ganze Praxis der Bürsten zeigt, ungemein schwierig, eine für alle Umfangsgeschwindigkeiten und Strombelastungen passende Bürste zu erhalten. Man muß sich eben von Fall zu Fall anpassen. Erschwert wird die Bürstenwahl noch durch gelegentlich auftretende Störungen durch die Atmosphäre. Diese eigentümliche Schwierigkeit macht das Vorgehen des praktischen Betriebes verständlich, den Kommutator bald zu fetten, bald zu schmirgeln, je nach der Art der entstandenen Störung.

Man hat diese zusätzliche Behandlung verschiedentlich besonderen Bürsten, die um den Kommutator spiralig verteilt werden, überlassen.

Insbesondere macht man von diesem Rezept Gebrauch, wenn es sich darum handelt, den Kommutator durch Schleifen sauber zu halten. Man verteilt dann gut polierende Bürsten der Marke *B* unter den weniger gut polierenden Bürsten der Marke *C*. Hin und wieder trifft man die Praxis, die Spiralen in Marke *B* nur vorübergehend dann anzuwenden, wenn die Kommutatorpolitur matt geworden ist und damit Funkenbildung einsetzt. In ähnlicher Weise macht man in Amerika Anwendung von Bürsten aus Hartholz. Von ausgezeichneter Wirkung sollen auch Specksteine gewesen sein, die die Rhätischen Bahnen in der Schweiz auf empfindlichen Bahnmotoren verwandten.

Das Gegenstück zu den Polierbürsten auf Kommutatoren sind die Fettbürsten auf Schleifringen. Die British Thomson Houston, England, hat mit gutem Erfolg auf den Schleifringen von Einankern eine Bürste aus Lederscheiben angebracht, die, mit einem Ölbehälter in Verbindung stehend, dauernd einen dünnen Ölfilm auf der Schleifringfläche aufrecht erhält. Diese Konstruktion bewährt sich vorzüglich, solange man hochmetallische Bürsten anwendet, die den Ölfilm nicht mit Graphit verunreinigen und solange die Strombelastung pro Exemplar einen gewissen Betrag nicht überschreitet. Wird die Strombelastung zu hoch, so tritt Ölzersetzung als Folge des Durchschlags durch den isolierenden Film ein.

In der ganzen Arbeit wurde immer wieder auf das unterschiedliche Verhalten der Anoden und Kathoden hingewiesen. Insbesondere konnte festgestellt werden, daß die Anoden sehr leicht Graphit absondern, indem bei Metallgraphitbürsten das Metall aus der Lauffläche der Bürste verschwindet und bei Reinkohlebürsten die Lauffläche ihre harten Bestandteile verliert. Es hat nun von jeher nahegelegen, dem verschiedenen Verhalten der beiden Polaritäten durch Anwendung verschiedener Bürstenmaterialien auf den beiden Polaritäten Rechnung zu tragen.

Tatsächlich gelang es wiederholt, Niederspannungsdynamos, die mit Metallgraphitbürsten bestückt waren, zu funkenfreiem Lauf zu bringen, nachdem an Stelle der Metallgraphitbürsten gut polierende Bürsten der Marke *B* als Anoden angewandt wurden. Metallgraphitbürsten als Anoden verlieren das Metall und sondern deshalb Graphit ab, während gut polierende Bürsten *B* durch ihre harten Beimengungen die Kommutatorfläche sauber halten. Das ist sehr deutlich an den Messungen des Spannungsabfalles zu erkennen. In einem Falle stieg der Spannungsabfall unter den anodischen Metallgraphitbürsten bis auf 1,5 Volt, während er unter den anodischen Bürsten *B* nur 1,0 Volt betrug. Solche gemischte Bestückungen, Metallgraphitbürsten als Kathoden und gut polierende Bürsten *B* als Anoden, konnten auch bei Maschinen mit höherer Spannung, etwa 45 Volt, erfolgreich angewandt werden.

Für Reinkohlebürsten kann man folgende Überlegung anstellen.

Marke A ist als Anode brauchbar, weil genügend harte Bestandteile vorhanden sind, sodaß also eine Überlastung der harten Bestandteile und damit deren Aussonderung vermieden wird. Marke A als Anode greift das Kommutatorkupfer nicht an, wenn sie nicht etwa zu harte Bestandteile enthält. Marke C ist als Kathode brauchbar, weil bei kathodischer Polarisierung das Laufflächenrelief erhalten bleibt, wenn nicht etwa Lichtbogenübertragung zustande kommt. Marke C als Kathode greift den Kommutator nicht an, wenn nicht etwa eine stark isolierende Trennschicht vorhanden ist. Es ist also Doppelbestückung möglich mit Marke A als Anode und Marke C als Kathode. Eine solche Doppelbestückung müßte den Vorteil größerer Konstanz der Gleitflächen bringen.

Doppelbestückungen mit den beiden extrem verschiedenen Reinkohlemarken haben nun nur einen beschränkten Verwendungsbereich, da Marke A nur für kleine Umfangsgeschwindigkeiten verwendbar ist und Marke C als Kathode nur bei kleinen Stromstärken nicht durch ihre Selektivität stört. Auf Hochstrommaschinen mit höheren Umfangsgeschwindigkeiten müssen die beiden Polaritäten mit Bürstenmarken mittlerer Eigenschaft besetzt werden. Das heißt, als Anode ist eine Bürste, die mehr der A und als Kathode eine Bürste, die mehr der C entspricht, zu verwenden. So wurde in der Praxis folgender Fall beobachtet. Auf einem Einanker von 2000 kW ergaben sich Bürstenschwierigkeiten, insofern Kupfer in den Isolationsnuten und auf den kathodischen Bürsten auftrat. Das Kupfer in den Isolationsnuten führte sogar zu einem Überschlag. Die Bürsten näherten sich also in ihrem Verhalten der extremen Marke A. Dann wurde die ganze Bestückung durch eine andere Marke ausgetauscht. Nunmehr trat Funkenbildung auf, nachdem sich der Kommutator mit Graphit bedeckt hatte. Die Maschine konnte nur noch mit Halblast gefahren werden. Es handelte sich also jetzt um eine Marke, die mehr der extremen C ähnelte. Nunmehr wurden beide Bestückungen kombiniert, indem man die mehr der A ähnelnde auf den Minusspindeln, also als Anoden, und die mehr der C ähnelnde auf den Plusspindeln, also als Kathoden, verwandte. In den Isolationsnuten und auf den Plusbürsten gab es kein Kupfer mehr, und die Maschine lief mit Vollast funkenfrei. Die Praxis, Kathoden, die Kupfer annehmen, durch graphitischere Bürsten zu ersetzen, ist schon lange bekannt. Die Praxis aber, zu graphitische Anoden durch weniger graphitische zu ersetzen, um Funkenbildung zu vermeiden, ist neu und erst aus den Ausführungen dieser Arbeit zu verstehen.

Im allgemeinen lehnt die Praxis die gemischten Bestückungen wegen der umständlicheren Bedienung ab. Man fordert Einheitsbestückungen, also Bürstenmaterialien, die sowohl als Anoden, als auch als Kathoden verwendbar sind. Damit sind die Grenzen für brauchbare Materialien viel enger gezogen als für Doppelbestückungen.

Rückblickend auf die ganze Arbeit läßt sich nun folgende Schluß-
formel aussprechen. Das Bürstenmaterial kann das Verhalten der Stromwendung entscheidend beeinflussen. Zwei Eigenschaften des Bürstenmaterials stehen dabei im Vordergrund, das Verhalten des Bürstenmaterials gegen kontakthemmende Fremdschichten und die Reibung.
Beide Eigenschaften sind aber keine reinen Materialkonstanten. Sie sind
zeitlich veränderlich entsprechend den wechselnden Politurzuständen
der Gleitflächen. Einen merklichen Einfluß auf den Politurzustand der
Gleitflächen haben die chemischen und physikalischen Eigenschaften
der Atmosphäre.

Sachverzeichnis.

Das Bürstenproblem im Elektromaschinenbau. Ein Beitrag zum Studium der Stromabnahme von Kommutatoren und Schleifringen bei elektrischen Maschinen. Von Obering. Dr. W. **Heinrich.** 194 S., 114 Abb. Gr.-8⁰. 1930
Broschiert M 9.—, in Leinen M 10.80

Freileitungsbau mit Schleuderbetonmasten. Von Dr.-Ing. Ludwig **Heuser** und Obering. Robert **Burget.** 184 S., 148 Abb. Gr.-8⁰. 1932
Broschiert M 10.—

Der internationale elektrische Energieverkehr in Europa. Von Dr. Werner **Kittler.** 174 S., 11 zweifarb. Karten. Gr.-8⁰. 1933
Broschiert M 10.—

Stromrichter unter besonderer Berücksichtigung der Quecksilberdampf-Großgleichrichter. Von D. K. **Marti** und H. **Winograd.** Bearb. von Dr.-Ing. O. Gramisch. 405 S., 279 Abb. Gr.-8⁰. 1933   In Leinen M 22.—

Quecksilberdampf - Gleichrichter, Wirkungsweise, Konstruktion und Schaltung. Von D. C. **Prince** und F. B. **Vogdes.** Deutsche Ausgabe bearb. von Dr.-Ing. O. Gramisch. 199 S., 172 Abb. Gr.-8⁰. 1931
Broschiert M 11.70, in Leinen M 13.50

Die Phasenkompensation in Drehstromanlagen. Ein Hilfsbuch für praktische Leistungsfaktor-Verbesserung. Von Ing. H. **Rengert.** 106 S., 98 Abb. 8⁰. 1931   Broschiert M 5.—

Selbstkostenberechnung elektrischer Arbeit. Ihr Aufbau und ihre Durchführung. Von Dr.-Ing. Herm. **Rückwardt.** 148 S., 37 Abb., 29 Zahlentaf. Gr.-8⁰. 1933   Broschiert M 9.50

Die elektrische Warmbehandlung in der Industrie. Von Obering. E. Fr. **Ruß.** 264 S., 240 Abb. Gr.-8⁰. 1933   In Leinen M 14.—

Landes-Elektrizitätswerke. Von Dipl.-Ing. A. **Schönberg** und Dipl.-Ing. E. **Glunk.** 409 S., 148 Abb., 4 Taf., 56 Listen. Lex.-8⁰. 1926
Broschiert M 20.70, in Leinen M 22.50

Wirtschaftliche Energieverteilung in Drehstromkabelnetzen. Von Dr.-Ing. Willy **Speidel.** 124 S., 17 Abb. Gr.-8⁰. 1932   Broschiert M 7.—

Die Technik der Fernwirkanlagen. Fernüberwachungs- und Fernbetätigungseinrichtungen für den elektrischen Kraftwerks- und Bahnbetrieb, für Gas-, Wasser- und andere Versorgungsbetriebe. Von Dr.-Ing. W. **Stäblein.** 302 S., 172 Abb. Gr.-8⁰. 1934   In Leinen M 15.—

Selektivschutzeinrichtungen für Hochspannungsanlagen mit Anleitung zu ihrer Projektierung. Von Obering. M. **Walter.** 134 S., 77 Abb. Gr.-8⁰. 1929
Broschiert M 6.30

Der Selektivschutz nach dem Widerstandsprinzip. Von Dr.-Ing. M. **Walter.** 172 S., 144 Abb. Gr.-8⁰. 1933   Broschiert M 8.50

R. OLDENBOURG, MÜNCHEN 1 UND BERLIN